电力安全 工器具手册

DIANLI ANQUAN GONGQIJU SHOUCE

EPTC 带电作业专家工作委员会 组编

中国电力出版社
CHINA ELECTRIC POWER PRESS

内　容　提　要

为了更好地服务于电力安全生产现场需求，使技术人员全面了解电力安全工器具的种类和各类产品的技术性能，电力行业输配电技术协作网组织编写了《电力安全工器具手册》。

本手册汇集了目前电力安全工器具产品，包括个人防护用具、基本绝缘安全工器具、辅助绝缘安全工器具、登高工器具、警示标识、电力安全检测仪和其他等。分别对产品的用途、适用电压等级、执行标准、主要技术性能要求等进行了介绍，同时给出某类具有代表性工器具的图片。

本手册可供从事电力安全工器具产品设计、生产、管理、营销、采购人员使用，还可以作为电力施工企业安全活动、技能培训、日常工作的必备学习资料，同时也可作为各级安全生产管理人员的参考工具书。

图书在版编目（CIP）数据

电力安全工器具手册/EPTC 带电作业专家工作委员会组编. —北京：中国电力出版社，2019.10（2021.6重印）

ISBN 978-7-5198-3318-3

Ⅰ. ①电…　Ⅱ. ①E…　Ⅲ. ①电力工业–安全设备–技术手册　Ⅳ. ①TM08–62

中国版本图书馆 CIP 数据核字（2019）第 125188 号

出版发行：中国电力出版社
地　　址：北京市东城区北京站西街 19 号（邮政编码 100005）
网　　址：http://www.cepp.sgcc.com.cn
责任编辑：罗　艳（yan-luo@sgcc.com.cn，010-63412315）
责任校对：黄　蓓　郝军燕
装帧设计：张俊霞
责任印制：石　雷

印　　刷：三河市万龙印装有限公司
版　　次：2019 年 11 月第一版
印　　次：2021 年 6 月北京第三次印刷
开　　本：710 毫米×1000 毫米　16 开本
印　　张：10.5
字　　数：166 千字
印　　数：4001—6000 册
定　　价：78.00 元

编 委 会 名 单

前　言

近年来电力系统新晋一线员工大多来源于综合大学，而综合大学的教育体系与职业院校在课程设置及教材应用上有所不同，偏重于理论而非技能实操类训练，因此一线职工的实操技能型培训成为电网企业职工继续教育及培训的重点工作之一，与此同时，对实操实用类教材及工具书的需求也越来越迫切。依据电网运检及安全部门人员反馈，以往技术人员所使用的安全工器具等资料，大都来自供货商的产品目录，由于此类产品目录只介绍本企业所经营的产品，所以技术人员很难全面了解行业内同类产品及其技术参数及性能。因此，为了更好地服务于电力安全生产现场需求，依据 IEC、国家及行业等标准，收录大量供货商的产品目录，包括每种产品适用电压等级、产品用途、执行标准、相关标准技术性能要求、参考图片、相关企业产品信息。为一线电力职工正确了解和使用电力安全工器具提供真实和较为系统的参考信息，以及方便现场查阅使用。

《电力安全工器具手册》一书由电力行业输配电技术协作网带电作业专家工作委员会牵头组织编写。整个编写过程中，得到了各电力(网)公司、科研院所及电力安全工器具供应企业的大力支持，相关产品数据均由其提供。

本书特邀带电作业著名专家高天宝老师担任主编，并邀请电力行业、能源行业及苏州热工院等权威专家组成编审委员会对本书进行审核，并提供补充了很多编写素材，提出了重要编写意见，在此表示衷心的感谢。

由于本书所收录的信息均来自各省电力（网）公司推荐及供应商自愿申报，肯定会有所缺失，同时随着工器具的创新和技术的不断发展，本书将定期修编。

限于编者水平有限，书中如有疏漏之处，恳请各位领导、专家和读者提出宝贵建议。

编　者

2019 年 7 月

目　录

第一章　个人防护用具

一、安全帽

用　途

用于保护现场作业人员头部免受外力伤害，起防护作用。

适用电压等级

通用

执行标准

GB 2811　　安全帽

GB/T 2812　安全帽测试方法

主要技术性能要求

1. 机械性能

（1）冲击吸收性能：按照 GB/T 2812 中规定的方法做冲击测试，头模所受冲击力的最大值均不超过 4900N，帽壳不得有碎片脱落。

（2）耐穿透性能：按照 GB/T 2812 中规定的方法做穿刺测试，钢锥不与头模接触，帽壳不得有碎片脱落。

（3）耐低温性能：按照 GB/T 2812 中规定的方法做低温测试，经低温 −20℃预处理后，安全帽的冲击吸收性能与耐穿透性能符合（1）和（2）的要求。

2. 电气性能

（1）防静电性能：按照 GB/T 2812 中规定的方法进行测试，表面电阻率不大于 $1 \times 10^9\Omega$。

（2）电绝缘性能：按照 GB/T 2812 中规定的方法进行测试，泄漏电流不超过 1.2mA。

参考图片（见图 1－1）

图 1－1　安全帽

主要技术指标

型号规格	类型（普通型/防寒型）	材质	颜色	后箍调节形式	其他技术性能	型式试验报告★/专项检测报告☆	制造厂家
FTV	普通型	ABS	红、黄、蓝、白、橘黄	按钮调节	无	★	左易电力设备有限公司
FQH	普通型	ABS	红、黄、蓝、白、橘黄	按钮调节	无		
ATDW–HD	普通型	ABS	红、黄、蓝、白	抽拉调节	近电报警	☆	天津市华电电力器材股份有限公司
AQ–TA001	普通型	ABS	红、黄	按钮调节	阻燃、耐低温、防静电	★	双安科技（天津）有限公司
AQ–TJ020	普通型	聚碳酸酯合成塑料	橘黄	按钮调节	适用于可能接触 17.5kV 以下三相交流电的工作场所	☆	
YG–V	普通型	ABS	红、黄、蓝、白	按钮调节	近电报警	☆	保定阳光电力设备有限公司

续表

型号规格	类型（普通型/防寒型）	材质	颜色	后箍调节形式	其他技术性能	型式试验报告★/专项检测报告☆	制造厂家
XS-AQM-V	普通型	ABS 材料或玻璃钢	蓝、白、黄、红	抽拉调节，按钮调节	耐穿刺性能、冲击吸收性能、下颏带的强度	★	西安鑫烁电力科技有限公司
XS-AQM-I	普通型	ABS 材料或玻璃钢	蓝、白、黄、红	抽拉调节，按钮调节			
XS-AQM-U	普通型	ABS 材料或玻璃钢	蓝、白、黄、红	抽拉调节，按钮调节			
XS-AQM-HY	普通型	进口 ABS 材料或玻璃钢	蓝、白、黄、红	抽拉调节，按钮调节			
XS-AQM-MSA	普通型	进口 ABS 材料或玻璃钢	蓝、白、黄、红	抽拉调节，按钮调节			
XS-AQM-YS	普通型	进口 ABS 材料或玻璃钢	蓝、白、黄、红	抽拉调节，按钮调节			
YS125-02-01	电绝缘	ABS	黄	抽拉调节		★	上海凡扬电力科技发展有限公司
YS125-02-02	非绝缘	ABS	白	抽拉调节			
HT-7A	电绝缘	ABS	红	旋钮调节			

二、安全带

用　途

用于防止高处作业人员坠落引发伤亡事故。

适用电压等级

通用

执行标准

GB 6095　　安全带

GB/T 6096　安全带测试方法

主要技术性能要求

（1）安全带应按 GB 6095 中规定的材料和部件制作并满足其各项技术要求。

（2）阻燃性能：按 GB/T 6096 中规定的方法进行测试，续燃时间不大于 5s。

（3）整体静态负荷：按 GB/T 6096 中规定的方法进行整体静态负荷测试，坠落悬挂安全带整体静拉力不小于 15kN，围杆作业安全带整体静拉力不小于 4.5kN，区域限制安全带整体静拉力不小于 2kN。

（4）整体动态负荷：按 GB/T 6096 中规定的方法进行整体动态负荷测试，坠落悬挂安全带冲击作用力峰值不大于 6kN。

参考图片（见图 1－2）

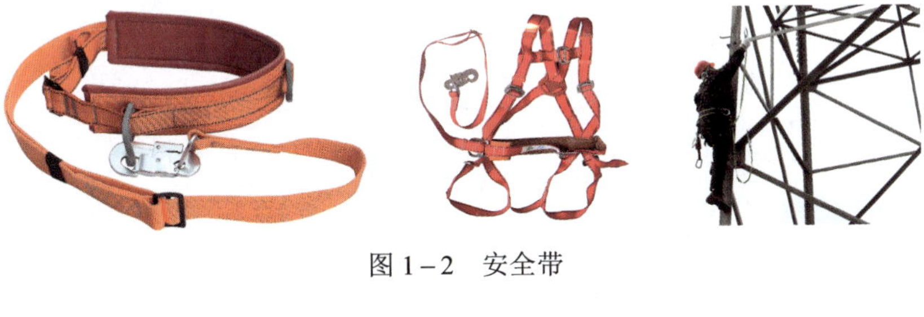

图 1－2　安全带

主要技术指标

型号规格	类型	材质	整体静拉力（kN）	颜色	其他技术性能	型式试验报告★/专项检测报告☆	制造厂家
Z－Y	坠落悬挂安全带	棉纶	15	绿	采用铝镁合金冲压成型，质量轻、强度大、耐腐蚀	☆	保定阳光电力设备有限公司

续表

型号规格	类型	材质	整体静拉力（kN）	颜色	其他技术性能	型式试验报告★/专项检测报告☆	制造厂家
W-Y	围杆作业安全带	棉纶	4.5	蓝	无	☆	保定阳光电力设备有限公司
Z-Y	坠落悬挂安全带	涤纶	15	红	无	☆	天津市华电电力器材股份有限公司
W-Y	围杆作业安全带	涤纶	4.5	白、橙	无	无	
Z-R	坠落悬挂安全带	芳纶纤维	15	黄	经过特殊处理，带体阻燃值≤9s，绳阻燃值≤10s，护套阻燃值≤7s；Nomex 编织带内芯材料增强强度和耐高温能力	☆	南宁市鹏庆电力器材有限公司
Z-Y	坠落悬挂安全带	锦纶、涤纶、蚕丝	15	蓝、绿	无	☆	
W-Y	围杆作业安全带	锦纶、涤纶、蚕丝	4.5	蓝	无	☆	
Z-Y	坠落悬挂安全带	涤纶	15	橙、黄、黑	无	★	宁波天弘电力器具有限公司
W-Y	围杆作业安全带	涤纶	4.5	橙	无	★	
Z-R	坠落悬挂安全带	阻燃织带	15	黄	无	☆	河北信得利电器设备有限公司
Z-Y	坠落悬挂安全带	涤纶	15	蓝	无	☆	
W-Y	围杆作业安全带	涤纶	4.5	橙、蓝	无	无	
Z-Y	坠落悬挂安全带	涤纶	15	黄、黑	通过 CE 认证	★	左易电力设备有限公司
W-Y	围杆作业安全带	涤纶	4.5	黑、橙	无	★	
Q-Y	区域限制安全带	涤纶	2.0	黄、红	无	★	
XS-AQD-（Z-Y）	坠落悬挂安全带	锦纶、维纶、蚕丝	15/6	蓝、黄	防雨、防晒材质处理，永久标识	★	西安鑫烁电力科技有限公司
XS-AQD-（W-Y）	围杆作业安全带	锦纶、维纶、蚕丝	15/6	蓝、黄		★	
XS-AQD-ZL	坠落悬挂（全身式）安全带	锦纶、维纶、纤维绳式安全绳	15/6	蓝、黄		☆	

续表

<table>
<tr><th>型号规格</th><th>类型</th><th>材质</th><th>整体静拉力（kN）</th><th>颜色</th><th>其他技术性能</th><th>型式试验报告★ /专项检测报告☆</th><th>制造厂家</th></tr>
<tr><td>XS－AQD－D</td><td>单腰带式安全带</td><td>锦纶、维纶、纤维绳式安全绳</td><td>15/6</td><td>蓝、黄</td><td rowspan="2">防雨、防晒材质处理，永久标识</td><td>☆</td><td rowspan="2">西安鑫烁电力科技有限公司</td></tr>
<tr><td>XS－AQD－S</td><td>双背带式安全带</td><td>锦纶、维纶、纤维绳式安全绳</td><td>15/6</td><td>蓝、黄</td><td>☆</td></tr>
<tr><td>DXW2Y－3</td><td>悬挂、攀登安全带</td><td>合成纤维</td><td>4.8225</td><td></td><td></td><td rowspan="4">★</td><td rowspan="4">上海凡扬电力科技发展有限公司</td></tr>
<tr><td>DXW2Y－01</td><td>围杆安全带</td><td>棉纶</td><td>4.6148</td><td></td><td></td></tr>
<tr><td>DW1Y－F</td><td>蚕丝安全带</td><td>蚕丝</td><td>4.4127</td><td></td><td></td></tr>
<tr><td>XD－A9524</td><td>电力施工、高空作业</td><td>丙纶＋合金钢</td><td>4.5</td><td></td><td></td></tr>
</table>

三、安全绳

用　途

一般与缓冲器配合使用，用于扩大或限制佩戴者活动范围，缓解冲击能量的防护作用。

适用电压等级

通用

执行标准

GB 24543　坠落防护　安全绳

主要技术性能要求

（1）安全绳应按 GB 24543 中规定的材料和部件制作并满足其各项技术要求。

（2）调节扣滑移性能：按 GB 24543 规定进行测试，调节扣的滑移不大于 25mm。

（3）静态力学性能：按 GB 24543 规定进行测试，安全绳、末端环眼和调节装置在规定测力值下应无撕裂和破断。

（4）动态力学性能：按 GB 24543 规定进行测试，坠落悬挂用可调安全绳应无撕裂和破断。

（5）耐腐蚀性能：按 GB/T 10125 中规定进行测试，所有金属件上应无肉眼可见的铁锈或其他明显的腐蚀痕迹，允许有白斑。

参考图片（见图 1－3）

图 1－3　安全绳

主要技术指标

型号规格	类型	材质	长度（m）	直径（mm）	其他技术性能	型式试验报告★/专项检测报告☆	制造厂家
Z－X	坠落悬挂用安全绳	涤纶	2	16	长度可定制	★	左易电力设备有限公司
Z－Z	坠落悬挂安全绳	涤纶	1.6	28	平管带；长度可定制	★	
W－X	围杆作业安全绳	涤纶	2	16	纤维绳式；长度可定制	★	

续表

型号规格	类型	材质	长度（m）	直径（mm）	其他技术性能	型式试验报告★/专项检测报告☆	制造厂家
W－Z	围杆作业安全绳	涤纶	2	44	平织带；长度可定制	★	左易电力设备有限公司
HD－AQS（Y）	坠落悬挂用安全绳	锦纶	1.9	16	无	无	天津市华电电力器材股份有限公司
W－Y	围杆作业安全绳	涤纶	2	16	柔软，吸汗透气，操作简便	☆	南宁市鹏庆电力器材有限公司
W－Z	围杆作业安全绳	化纤	2	16	无	☆	宁波天弘电力器具有限公司
AF－C	普通	合纤	32	16	无	★	上海凡扬电力科技发展有限公司
AF－S	高强度	合纤	2800	16	无		
26120N	高强度	丙纶加强丝＋涤纶加强丝	10～100	16、18、20	无		

四、防静电鞋

用　途

作业人员穿着防静电鞋将人体产生的静电电荷泄放至大地，用于消除人体静电积聚产生的放电现象。

适用电压等级

通用

执行标准

GB 4385　　防静电鞋、导电鞋技术要求

GB/T 20991　个体防护装备　鞋的测试方法

GB 21148　　个体防护装备　安全鞋

主要技术性能要求

1. 机械性能

（1）包头抗冲击性能：按 GB/T 20991 的规定进行测试，在至少（200±4）J 冲击能量冲击后，保护包头内的最小间距符合规定值，而且在保护包头的测试轴线上不应出现任何贯穿材料的裂缝。

（2）抗刺穿性能：按 GB/T 20991 的规定进行测试，穿透鞋底所需的力，不应小于 1100N。

2. 电气性能

按 GB 4385 的规定进行电阻值检验，电阻值范围为 100kΩ～1000MΩ。

参考图片（见图 1－4）

图 1－4　防静电鞋

主要技术指标

型号规格	类型	材质	功能	有无气孔	其他技术性能	型式试验报告★/专项检测报告☆	制造厂家
FJDX－HD	低帮	牛二层皮	防静电	无	无	无	天津市华电电力器材股份有限公司
AQ－Z001	低帮	头层牛皮	防静电、防刺穿、防砸	无	防滑、耐磨、耐油、轻便、舒适等特性	★	双安科技（天津）有限公司

续表

型号规格	类型	材质	功能	有无气孔	其他技术性能	型式试验报告★/专项检测报告☆	制造厂家
MIAMI S1P	低帮鞋	透气网面/牛皮	基本功能+防静电、防刺穿、防砸、防滑	有	无	★	上海凡扬电力科技发展有限公司
1500DAN	防砸鞋	尼龙网眼+牛皮	基本功能+防静电、防刺穿、防砸、防滑	有	无		

五、交流高压静电防护服

用　途

用于保护交流输电线路和变电站巡视及低电位作业人员免受交流高压电场的影响。

适用电压等级

110～1000kV

执行标准

GB/T 18136　交流高压静电防护服装及试验方法

DL/T 1238　1000kV 交流系统用静电防护服装

DL/T 392　1000kV 交流输电线路带电作业技术导则

主要技术性能要求

1. 机械性能

（1）高压静电防护服装应采用导电材料与纺织纤维混纺交织成布后制成，

高压静电防护服装包括上衣、裤、帽、手套和鞋。

（2）衣料经向断裂强度不得小于 345N，纬向断裂强度不得小于 300N；经、纬向断裂伸长率不得小于 10%。

（3）全套成衣的屏蔽效果要求服装内体表场强不得超过 15kV/m。

2. 电气性能

（1）衣料屏蔽效率：500kV 及以下：屏蔽效率≥28dB；750kV：屏蔽效率≥30dB；1000kV：屏蔽效率≥33dB。

（2）衣料电阻不得大于 300Ω，鞋的电阻不得大于 500Ω。

参考图片（见图 1－5）

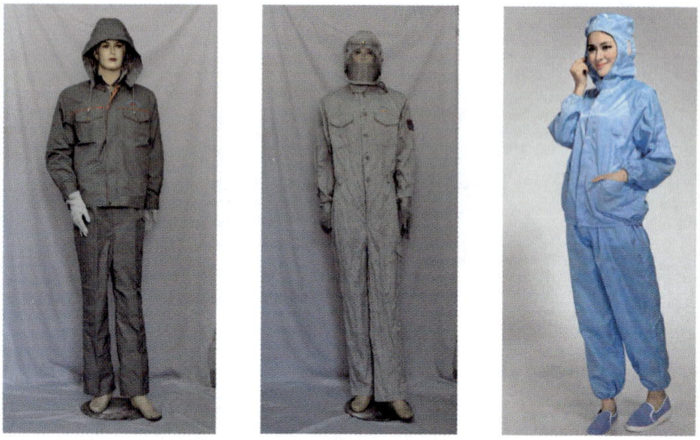

图 1－5　交流高压静电防护服

主要技术指标

型号规格	类型	材质	尺码	适用电压等级（kV）	其他技术性能	型式试验报告★/专项检测报告☆	制造厂家
DD－110－500	连体式	金属纤维、纺织纤维	L、M、S	110～500	屏蔽效率≥28dB	☆	丹东辽科工业丝绸防护织品有限公司
DD－500－1000	连体式	金属纤维、纺织纤维	L、M、S	500～1000	屏蔽效率≥33dB	☆	

续表

型号规格	类型	材质	尺码	适用电压等级（kV）	其他技术性能	型式试验报告★/专项检测报告☆	制造厂家
BP－QT－500kV	分身式	导电材料与纺织纤维	多尺码		衣料电阻≤300Ω，屏蔽效率≥28dB，衣料径向断裂强度≥345N，纬向断裂强度≥300N，经、纬向断裂伸长率≥10%	★	上海诚格安全防护用品有限公司

六、防电弧服

用　途

用于保护电力系统从事运行、调试、检修和维护等相关工作人员，在可能有电弧危害的区域工作时，防止电弧对人员的伤害。

适用电压等级

通用

执行标准

GB 8965.1　防护服装　阻燃防护　第 1 部分：阻燃服

DL/T 320　个人电弧防护用品通用技术要求

主要技术性能要求

1. 机械性能

（1）阻燃性：按 GB 8965.1 的规定进行试验，未出现熔融和烧焦现象，炭长不大于 150mm，续燃时间不大于 2s。

（2）高温稳定性：按 DL/T 320 的规定进行试验，面料的经向和纬向的收缩率不大于 10%。

（3）面料断裂强力性能：按 DL/T 320 的规定进行试验，面料单位面积质量为 150～200g，断裂强力应不小于 300N；面料单位面积质量为 200～290g，断裂强力应不小于 450N。

2. 电气性能

面料的电弧防护性能应达到下表中的要求。

电弧防护服防护级别	面料 ATPV 电弧值（J/cm^2）	面料 EBT 电弧值（J/cm^2）	面料单位面积质量（g/m^2）
Ⅰ级	25.72～33.47	54.41～75.33	150～200
Ⅱ级	33.47～104.60	75.41～104.60	200～290
Ⅲ级	104.60～167.36	104.60～17.36	290～600
Ⅳ级	＞167.36	＞167.36	290～600

参考图片（见图 1－6）

图 1－6　防电弧服

主要技术指标

型号规格	类型	材质	尺码	颜色	其他技术性能	型式试验报告★/专项检测报告☆	制造厂家
AQ－FD012	分身式	芳纶纤维	L、M、S	蓝、绿	应与防电弧头罩等产品配合使用	无	双安科技（天津）有限公司
AF－050－H	分身式头套	高性能防电弧面料	均码	藏青		★	上海凡扬电力科技发展有限公司
UW－000	分身式衬衫	TECASAFE	S、M、L、XL	浅蓝、浅褐、藏青	面料柔软，适合夏季	★	
AF－050－J	双层夹克	高性能防电弧面料	S、M、L	藏青	透气性好	★	
AF－050－P	双层裤子	高性能防电弧面料	均码	藏青	透气性好	★	
ArcPro－CT/P－DP8	分身式	杜邦™ Protera®	L、M、S	天蓝、灰、深蓝、橘红	电弧防护热量值 ATPV 不低于 8cal/cm^2（33.47J/cm^2），抗电弧爆裂极限热量值 Ebt 不低于 18cal/cm^2（75.33J/cm^2），全套包含夹克裤子	★	上海诚格安全防护用品有限公司
ArcPro－CT/P－DP12	分身式	杜邦™ Protera®	L、M、S	藏青	电弧防护热量值 ATPV 不低于 12cal/cm^2（50J/cm^2），抗电弧爆裂极限热量值 Ebt 不低于 18cal/cm^2（75.33J/cm^2），全套包含夹克裤子	★	
ArcPro－RBKit－DP12G	连体式	杜邦™ Protera®	L、M、S	藏青	电弧防护热量值 ATPV 不低于 12cal/cm^2（50J/cm^2），抗电弧爆裂极限热量值 Ebt 不低于 18cal/cm^2（75.33J/cm^2），全套包括防电弧大袍，高透灰色可掀式防电弧头罩、防电弧手套、套装包设计	★	

续表

型号规格	类型	材质	尺码	颜色	其他技术性能	型式试验报告★/专项检测报告☆	制造厂家
ArcPro－RBKit－DP25G	连体式	杜邦™ Protera®	L、M、S	天蓝	电弧防护热量值 ATPV 不低于 25cal/cm²（104.6J/cm²），抗电弧爆裂极限热量值 Ebt 不低于 25cal/cm²（104.6J/cm²），全套包含高透灰色可掀式防电弧头罩、大袍、手套、腿套及套装包	★	上海诚格安全防护用品有限公司
ArcPro－RBkit－DP40G	连体式	杜邦™ Protera®	L、M、S	深蓝、灰	电弧防护热量值 ATPV 不低于 40cal/cm²（167.36J/cm²），抗电弧爆裂极限热量值 Ebt 不低于 40cal/cm²（167.36J/cm²），全套包含高透灰色可掀式防电弧头罩、大袍、手套、腿套及套装包	★	
ArcPro－CT/P－DP8	分身式	杜邦™ Protera®	L、M、S	天蓝、灰、深蓝、橘红	电弧防护热量值 ATPV 不低于 8cal/cm²（33.47J/cm²），抗电弧爆裂极限热量值 Ebt 不低于 18cal/cm²（75.33J/cm²），全套包含夹克裤子	★	

七、防刺穿鞋

用　途

用于防止锐器和利物刺穿鞋底，对作业人员足底部造成伤害。

适用电压等级

通用

执行标准

GB/T 12017　防刺穿鞋的抗刺穿技术条件及试验方法

GB/T 20991　个体防护装备　鞋的测试方法

GB 21148　个体防护装备　安全鞋

主要技术性能要求

（1）防刺穿鞋由帮面、金属/非金属保护包头、防刺穿垫及外底构成。防刺穿垫应装在靴底中，在不损坏靴的情况下应不能移动垫。防刺穿垫不应位于保护包头卷边上方，也不应与之接触。防刺穿鞋的外底应采用优质橡胶类和聚氨酯（PU）材料。帮面采用优质天然皮革、合成革等材料制成。防刺穿鞋应满足GB 21148中的相关要求，外底部件应具有较好的耐磨性、耐折性、耐水性。

（2）包头抗冲击性能：按GB/T 20991的规定进行测试，在至少（200±4）J冲击能量冲击后，保护包头内的最小间距符合规定值，而且在保护包头的测试轴线上不应出现任何贯穿材料的裂缝。

（3）抗刺穿性能：抗刺穿强度应符合下表中要求。

级别	抗刺穿力（N）
特级	≥1100
Ⅰ级	≥780
Ⅱ级	≥490

参考图片（见图1－7）

图1－7　防刺穿鞋

主要技术指标

型号规格	类型	材质（面料/鞋底）	尺码（mm）	功能	其他技术性能	型式试验报告★/专项检测报告☆	制造厂家
AQ－ZP002	低帮	头层牛皮、橡胶/PVC	240～280	耐油酸碱、耐磨、防水、耐高温	无	★	双安科技（天津）有限公司
2686	低帮鞋	针织/橡胶	36～45	防滑、防砸、防刺穿、耐油酸碱、耐磨、防水、耐高温		★	上海凡扬电力科技发展有限公司
S900EA	防砸鞋	皮面	全	防砸脚趾		★	
303404	防砸靴	皮面	35～46	防砸、防穿刺		★	

八、防护眼镜

用　　途

用于防护作业人员眼睛免受粉尘、电弧、碎屑以及有害溶液溅射造成的损伤。

适用电压等级

通用

执行标准

GB 14866　个人用眼护具技术要求

主要技术性能要求

（1）镜架圆镜框直径≥50mm。

（2）滤光片：

1）耐热性能：将滤光片放入 67℃的水中恒温 3min 后立即取出再放在 4℃的水中，不出现异常。

2）强度性能：以 16g 钢珠由 0.6m 高度自由下落到滤光片中心，滤光片没有裂纹。

（3）保护片可见光透过率≥89%。

（4）镜架：

1）耐热性：将镜架放入恒温箱中加热到 60℃，30min 后取出在室温下冷却观察无变形。

2）防腐蚀性：将金属件表面的油垢清洗后放到煮沸的 10%食盐溶液中 15min 取出，不擦去表面的液体，在室温下干燥 24h 后再用温水洗净，观察表面应无腐蚀现象。

3）耐燃性：燃烧速度应小于 76mm/min。

参考图片（见图 1－8）

图 1－8　防护眼镜

主要技术指标

型号规格	类型	材质	镜片颜色/透光率	功能	其他技术性能	型式试验报告★/专项检测报告☆	制造厂家
HD－HMJ（Y）	眼镜型	树脂	茶/≥89%	防弧光	无	无	天津市华电电力器材股份有限公司
41004－MG	眼镜型	聚碳酸酯	黑	防尘、防冲击、防辐射	遮阳	★	上海凡扬电力科技发展有限公司

续表

型号规格	类型	材质	镜片颜色/透光率	功能	其他技术性能	型式试验报告★/专项检测报告☆	制造厂家
YJ－B	眼镜型	聚碳酸酯	白	防刮擦、防静电	无	★	上海凡扬电力科技发展有限公司
ANTNO－100111	防护眼镜	聚碳酸酯	灰	防雾	无	★	

九、过滤式防毒面具

用　途

用于空气中氧气浓度不低于 18%的场所中，保护佩戴人员的面部、眼睛和呼吸道免受毒剂、生物制剂和放射性尘埃的伤害。

适用电压等级

通用

执行标准

GB 2890　呼吸防护自吸过滤式防毒面具

主要技术性能要求

（1）面罩。

1）阻燃性：按 GB 2890 的规定进行测试，续燃时间不应超过 5s。

2）泄漏率：按 GB 2890 的规定进行测试，全面罩的泄漏率不应大于 0.05%，半面罩的泄漏率不应大于 2%。

3）面罩呼气阀气密性：当减压至–1180Pa 时，全面罩呼气阀于 45s 内负压值下降不大于 500Pa，半面罩呼气阀恢复常压的时间大于 20s。

（2）过滤件致密性：按 GB 2890 的规定进行测试，1min 内不应有气泡逸出。

（3）导气管。

1）导气管应具有良好的伸缩弹性；弯曲成各种形状时应能保证气流通畅。

2）按 GB 2890 的规定进行测试，导气管内压力值应在 15s 内不变化。

3）导气管长度应在 50～100cm。

参考图片（见图 1–9）

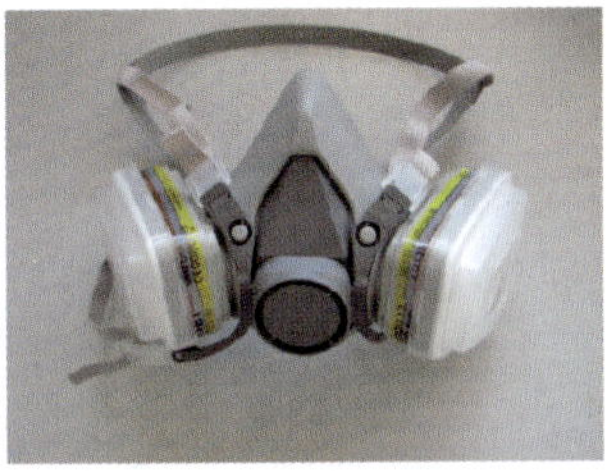

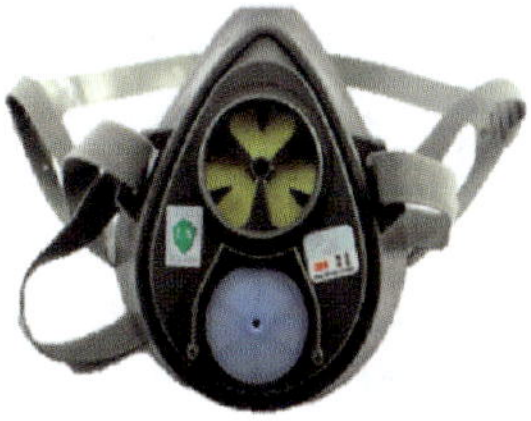

图 1–9　过滤式防毒面具

主要技术指标

型号规格	类型	材质	防护对象	适用范围	其他技术性能	型式试验报告★ /专项检测报告☆	制造厂家
HD–FF–400	直接式	硅胶	粉尘、重烟、雾滴、毒气、毒蒸气、粉剂	调漆、喷漆/工业化工、工厂/煤矿防尘、烟尘	无	无	天津市华电电力器材股份有限公司
HD–6000	直接式	橡胶			无	无	
C850	直接式	碳纤维	粉尘、重烟、雾滴、毒气、毒蒸气、粉剂	调漆、喷漆/工业化工、工厂/煤矿防尘、烟尘	无	★	上海凡扬电力科技发展有限公司
6200+6500	直接式	橡胶+活性炭滤毒盒	粉尘、重烟、雾滴、毒气、毒蒸气、粉剂	调漆、喷漆/工业化工、工厂/煤矿防尘、烟尘	无	★	
TF–AL	导管式	硅胶	粉尘、重烟、雾滴、毒气、毒蒸气、粉剂	调漆、喷漆/工业化工、工厂/煤矿防尘、烟尘	无	★	

十、自救式呼吸器

用　途

用于发生火灾时空气中氧气浓度低于 18%的场所，保护人员逃生时免受一氧化碳、氰化氢等有害气体及烟雾、热气流的侵害。

适用电压等级

通用

执行标准

GA 209　消防过滤式自救呼吸器

主要技术性能要求

（1）呼吸器的佩戴质量应不大于 1000g。

（2）抗机械碰撞及环境变化性能：呼吸器对于规定的机械负荷、环境温度和湿度变化，应具有足够的稳定性，不应有裂纹、爆开、破碎等能导致失效的损坏，且仍应符合（3）～（5）技术要求。

（3）呼吸器的防护时间应不小于 15min。

（4）在防护时间内，吸气温度应不大于 65℃。

（5）在防护时间内，吸气阻力应不大于 800Pa，呼气阻力应不大于 300Pa。

参考图片（见图 1－10）

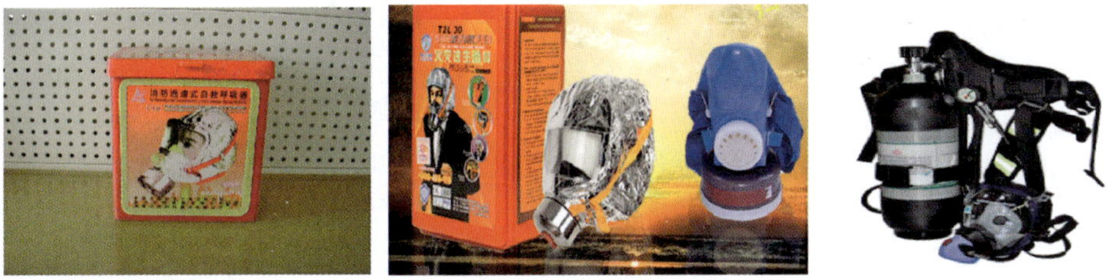

图 1－10　自救式呼吸器

主要技术指标

型号规格	类型	防护对象	有效使用期（年）	综合防毒时间（min）	其他技术性能	型式试验报告★/专项检测报告☆	制造厂家
XHZLC－60	全面罩	一氧化碳、二氧化碳、氰化氢、丙烯醛、烟雾以及砷化氢、苯、溴化氢、双光气、路易氏气、芥子气等	3	≥60	无	无	天津市华电电力器材股份有限公司
TZL30A	一次性	一氧化碳、二氧化碳、氰化氢、丙烯醛、烟雾以及砷化氢等	3	30	无	★	上海凡扬电力科技发展有限公司
RHZKF6.8－30	非一次性	一氧化碳、二氧化碳、氰化氢、丙烯醛、烟雾以及砷化氢等	15	65	无	★	
XHZLC30	一次性	一氧化碳、二氧化碳、氰化氢、丙烯醛、烟雾以及砷化氢等	3	30	无	★	

十一、正压式消防空气呼吸器

用　途

用于空气中氧气浓度低于 18%的场所中，消防人员和抢险救护人员在抢险救援时佩戴，防止吸入有害的毒气、烟雾以及悬浮于空气中的有害污染物。

适用电压等级

通用

执行标准

GA 124　正压式消防空气呼吸器

主要技术性能要求

（1）阻燃性能。

1）背具、背具带、带扣和气瓶防护套在阻燃性能试验后，不应出现熔融现象，且续燃时间不应大于 5s。

2）全面罩、中压导气管和供气阀在阻燃性能试验后，续燃时间不应大于 5s，且仍应符合（3）的规定。

（2）呼吸器的佩戴质量不应大于 18kg（气瓶内气体压力 30MPa 时）。

（3）整机气密性能：呼吸器在气密性能试验后，其压力表的压力指示值在 1min 内的下降不应大于 2MPa。

（4）安全阀性能。

1）安全阀的开启压力与全排气压力应在减压器输出压力最大设计值的 110%～170%范围内。

2）安全阀的关闭压力不应小于减压器输出压力最大设计值。

（5）吸入气体的二氧化碳含量（按体积比）不应大于 1%。

参考图片（见图 1－11）

图 1－11　正压式消防空气呼吸器

主要技术指标

型号规格	气瓶材质	整体质量（kg）	外形尺寸（长×宽×高，mm×mm×mm）	气瓶容积（L）	其他技术性能	型式试验报告★/专项检测报告☆	制造厂家
HD－RHZKF6.8/30	碳纤维	30	900×400×240	6.8	欠压报警	无	天津市华电电力器材股份有限公司
RHZK5L/30	钢瓶	≤13	140×140×450	5/6	无	★	上海凡扬电力科技发展有限公司
RHZKF6.8L	碳纤维瓶	8.8	700×300×450	2040	无	★	

十二、耐酸服

用　途

用于从事接触和配制酸类物质作业人员穿戴，防止受到酸类物质的侵害。

适用电压等级

通用

执行标准

GB 24540　防护服装　酸碱类化学品防护服

主要技术性能要求

（1）织物酸碱类化学品防护服 GB 24540 的规定测试，有接缝部位和无接缝部位洗前的穿透时间不应小于 30min；洗后的穿透时间，一级，3～5min；二级，

5～10min；三级，穿透时间不小于 10min。

（2）织物酸碱类化学品防护服洗前和洗后拒液效率不应小于 90%。

（3）按 GB 24540 的规定测试，织物酸碱类化学品防护服的接缝断裂强力不应小于 98N，非织物酸碱类化学品防护服的接缝断裂强力不应小于 45N。

（4）抗刺穿性：非织物酸碱类化学品防护服按照 GB 24540 规定进行测试，穿透力应大于 10N。

参考图片（见图 1－12）

图 1－12 耐酸服

主要技术指标

型号规格	产地	类型	材质	尺码	防酸（碱）等级	其他技术性能	型式试验报告★/专项检测报告☆	制造厂家
4503000	美国	连体式	PP 防黏	均码	二级		★	上海凡扬电力科技发展有限公司
MC3000	厦门	连体式	PP 防黏	M、L、XL、XXL	二级		★	

十三、耐酸手套

用　途

用于从事接触和配制酸类物质作业人员穿戴，防止受到酸类物质的侵害。

适用电压等级

通用

执行标准

GB/T 12624　手部防护　通用技术条件及测试方法

AQ 6102　　耐酸（碱）手套

主要技术性能要求

（1）耐酸碱防护手套不应有发脆、发黏、破损和喷霜等缺陷。

（2）手套防护长度是在手套与酸碱液接触时，能起到有效隔离作用的长度，应不小于 GB/T 12624 中表 3 所列出的对应号型手套的最短长度。

手套尺寸号码	适用于	手套的最短长度（mm）
6	手部尺寸号码 6	220
7	手部尺寸号码 7	230
8	手部尺寸号码 8	240
9	手部尺寸号码 9	250
10	手部尺寸号码 10	260
11	手部尺寸号码 11	270

（3）不泄漏性和耐渗透性：按 AQ 6102 的规定进行试验后，应无气泡逸出现象，且应无渗透、龟裂、剥离、溶解，无明显膨胀、收缩和硬化等其他异常现象发生。

参考图片（见图 1－13）

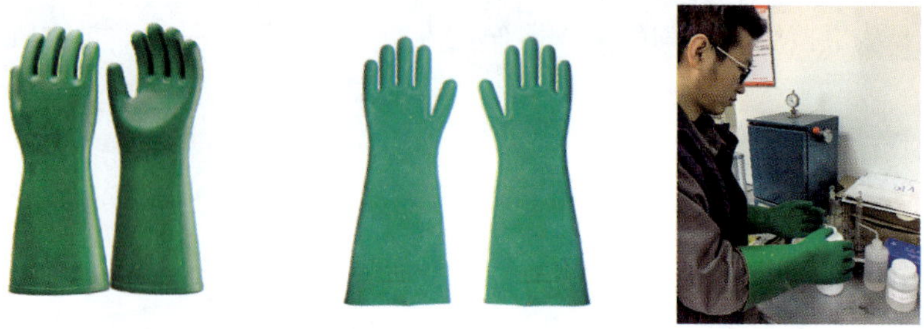

图 1－13　耐酸手套

主要技术指标

型号规格	类型	材质	手套尺寸号码	手套长度（mm）	其他技术性能	型式试验报告★/专项检测报告☆	制造厂家
AQ－SH001	非一次性	天然橡胶	11	450	无	★	双安科技（天津）有限公司
11	非一次性	橡胶	均码	450	无	★	上海凡扬电力科技发展有限公司
2095020	非一次性	橡胶	S/M/L/XL	400	无	★	

十四、耐酸靴

用　　途

用于从事接触和配制酸类物质作业人员穿戴，防止作业人员足部、腿部接触酸或者需要进入酸液中工作时受到酸类物质的侵害。

适用电压等级

通用

执行标准

GB 20266　耐化学品的工业用橡胶靴

GB/T 12019　耐酸碱胶靴

主要技术性能要求

（1）靴帮应由一层或多层橡胶和织物组成，靴帮高度应符合 GB 20266 中表 1 的要求。

鞋号	靴帮高度（最小值）（mm）		
	A 型	B 型	C 型
≤225	103	162	255
230～240	105	165	260
245～250	109	172	270
255～265	113	178	280
270～280	117	185	290
≥285	121	192	300

注　A 型，高腰靴；B 型，半筒靴；C 型，高筒靴。

（2）经化学剂浸渍后物理机械性能测定结果，必须符合 GB/T 12019 中表 1 规定。

指标名称	胶面	大底
扯断强度（MPa）	≥10.78	≥10.78
扯断伸长率（%）	≥350	≥300

续表

指标名称	胶面	大底
磨耗减量（cm^3/1.61km）	—	1.2
黏着力（kN/m）	≥0.70	—
硬度（邵尔）	50～65	55～70
扯断强度降低（%）	≤15	≤15
扯断伸长率变化（%）	≤20	≤20
重量变化（%）	≤2	≤2
硬度（邵尔）增加	≤10	≤10

（3）靴底应有防滑花纹。

（4）每双靴的总体重量不超过 2kg。

（5）没有渗水现象。

参考图片（见图 1－14）

图 1－14　耐酸靴

主要技术指标

型号规格	类型	材质	尺码（mm）	靴帮高度（mm）	其他技术性能	型式试验报告★/专项检测报告☆	制造厂家
AQ－ZH001	高筒	天然橡胶	245～275	350	无	★	双安科技（天津）有限公司
75708	短筒	橡胶	37～47	45	无	★	上海凡扬电力科技发展有限公司
2881	高筒	橡胶	36～45	45	无	★	

第二章　基本绝缘安全工器具

一、接触式验电器

用　途

验电器通过绝缘部件直接接触电气设备，用于定性检测电气设备或线路是否带有工作电压。

适用电压等级

0.4、10、20、35、66、110、220、330、±500、±660、750kV

执行标准

DL/T 740　电容型验电器

GB 13398　带电作业用空心绝缘管、泡沫填充绝缘管和实心绝缘棒

主要技术性能要求

1. 机械性能

（1）验电器绝缘部件最小有效绝缘长度 L_i（从限度标记到手柄之间不包括导电部分的长度）应满足 DL/T 740 中表 2 的要求。

U_n（kV）	L_i（mm）	U_n（kV）	L_i（mm）
10	700	220	2100
20	800	330	3100
35	900	500	4000
66	1000	750	5000
110	1300		

验电器的手柄长度应不短于 115mm，验电器的护手应永久固定，其高度应不小于 20mm。

（2）频率特性：在额定频率变化±3%的范围内，验电器应能给出正确指示。

（3）响应时间：验电器声、光响应时间应小于 1s。

（4）握着力和弯曲度：验电器握着力不应超过 200N。应尽量减少验电器自重造成的弯曲，在水平状态下测得的弯曲度不应超过整体长度的 10%。

2. 电气性能

（1）验电器的设计和制造应保证用户在按正确的操作方法和说明书的规定使用时的人身和设备安全。

（2）验电器绝缘部件的材料性能应符合 GB 13398 的规定。

（3）验电器的启动电压不高于额定电压的 45%，不低于额定电压的 10%。

（4）在正常的光照和背景噪声条件下，验电器在达到启动电压后应能给出清晰易辨的声、光指示。

（5）验电器在正常操作时，不应导致闪络和击穿发生。

（6）使用验电器时，绝缘部件不应发生闪络或击穿。

（7）验电器在正常验电时，不应由于电火花的作用致使显示器毁坏或停止工作。

参考图片（见图 2－1）

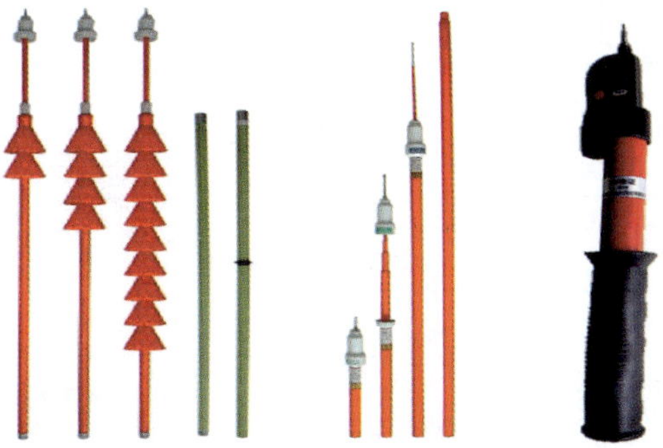

图 2－1　接触式验电器（一）

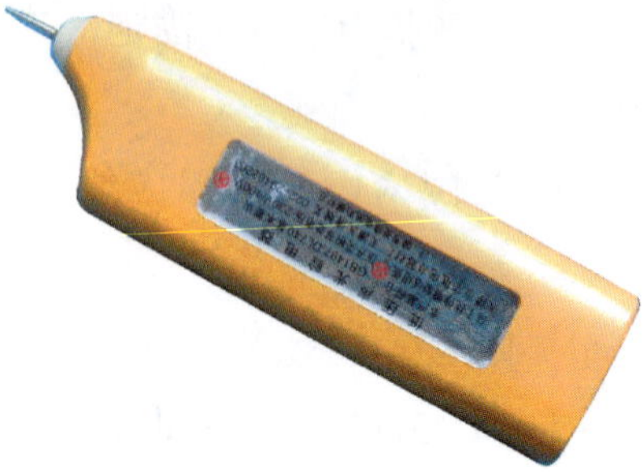

图 2－1　接触式验电器（二）

主要技术指标

型号规格	类型	适用电压等级（kV）	工作长度/携带长度（m）	包装形式	其他技术性能	型式试验报告★ /专项检测报告☆	制造厂家
YG－10	变电站用	10	1/0.22	皮革袋	无	☆	保定阳光电力设备有限公司
YG－35	变电站用	35	1.5/0.3	皮革袋	无	☆	
YG－110	变电站用	110	2/0.4	皮革袋	无	☆	
YG－500	变电站用	500	5/1.1	皮革袋	无	☆	
PQ－10	变电站用/线路用	10	1/0.25	帆布袋、铝合金盒	全天候，声光报警，防晒防雨	☆	南宁市鹏庆电力器材有限公司
PQ（GDY）－35	变电站用/线路用	35	1.5/0.38	帆布袋、铝合金盒		☆	
PQ－110	变电站用/线路用	110	2/0.42	帆布袋、铝合金盒		☆	
PQ－220	变电站用/线路用	220	3/0.6	帆布袋、铝合金盒		☆	
PQ－500	变电站用/线路用	500	6/1.25	帆布袋、铝合金盒		☆	
HD－DYS/B	变电站用	0.4	0.44/0.15	皮革袋	防验电死区	☆	天津市华电电力器材股份有限公司
DYRB100/400－HD	变电站用	0.4	0.2/0.2	塑料盒	照明	☆	
GSYI－10－HD	变电站用	10	0.7/0.4	铝盒	防验电死区	☆	
GSYII－10－HD	变电站用	10	0.7/0.4	帆布袋	防验电死区	☆	
GSYI－35－HD	变电站用	35	0.7/0.56	铝盒	防验电死区	☆	
GSYII－35－HD	变电站用	35	0.7/0.4	帆布袋	防验电死区	☆	

续表

型号规格	类型	适用电压等级（kV）	工作长度/携带长度（m）	包装形式	其他技术性能	型式试验报告★/专项检测报告☆	制造厂家
GSYI－110－HD	变电站用	110	1.2/0.7	帆布袋	防验电死区	☆	天津市华电电力器材股份有限公司
GSYII－110－HD	变电站用	110	1.5/0.7	帆布袋	防验电死区	☆	
GSYI－220－HD	变电站用	220	1.5/0.7	帆布袋	防验电死区	☆	
GSYII－220－HD	变电站用	220	1.5/0.7	帆布袋	防验电死区	☆	
GSYI－500－HD	变电站用	500	6.4/1.45	帆布袋	防验电死区	☆	
DSY－400	变电站用/线路用	0.4	0.9/0.4	防雨袋	无	☆	无锡安全用电设备厂有限公司
GSY－10	变电站用/线路用	10	1.2/0.7	防湿盒装	无	☆	
GSY－20	变电站用/线路用	20	1.8/0.7	防湿盒装	无	☆	
GSY－35	变电站用/线路用	35	1.8/0.7	防湿盒装	无	☆	
GSY－110	变电站用/线路用	110	2.3/0.9	防湿盒装	无	☆	
GSY－220	变电站用/线路用	220	3.7/1.2	防湿盒装	无	☆	
GSY－500	变电站用/线路用	500	6.2/1.9	防湿盒装	无	☆	
YDQ－2/10	线路用	10	1/0.37	铝合金盒装/袋装	指示器启动电压：1.0～4.5kV，实测值 2.60kV	☆	河北信得利电器设备有限公司
YDQ－2/35	线路用	35	1.5/0.47	铝合金盒装/袋装	指示器启动电压：3.5～15.75kV，实测值 8.10kV	☆	
YDQ－2/110	线路用	110	2/0.6	铝合金盒装/袋装	指示器启动电压：11～49.5kV，实测值 27.80kV	☆	
YDQ－2/220	线路用	220	3/0.8	铝合金盒装/袋装	指示器启动电压：22～99kV，实测值 51.50kV	☆	

续表

型号规格	类型	适用电压等级（kV）	工作长度/携带长度（m）	包装形式	其他技术性能	型式试验报告★/专项检测报告☆	制造厂家
YDQ－2/500	线路用	500	6/1.2	铝合金盒装/袋装	指示器启动电压：50～225kV，实测104.50kV	☆	河北信得利电器设备有限公司
ZXAC－T－1000	线路用	1000	10/0.6	便携手提箱	电池容量：1200mAh，测量精度：0.01V	☆	众芯汉创（北京）科技有限公司
ZXAC－T－750	线路用	750	10/0.6	便携手提箱			
ZXAC－T－500（330）	线路用	500/330	10/0.6	便携手提箱			
ZXBC－T－±1100	线路用	±1100	10/0.6	便携手提箱	电池容量：1200mAh，测量精度：0.01V	☆	
ZXBC－T－±800	线路用	±800	10/0.6	便携手提箱			
ZXBC－T－±660	线路用	±660	10/0.6	便携手提箱			
ZXBC－T－±500	线路用	±500	10/0.6	便携手提箱			
ZXBC－T－±400	线路用	±400	10/0.6	便携手提箱			
LF－GDY/10	变电站用/线路用	10	1/0.4	皮革袋	无	☆	淄博龙飞电力器材有限公司
LF－GDY/220	变电站用/线路用	220	3/0.8	皮革袋	无	☆	
XS－YDQ－0.4	变电站用/输电线路用	0.4	0.9/0.18	铝合金盒、专用帆布袋	常温型，声光、雨雪型，报警	★	西安鑫烁电力科技有限公司
XS－YDQ－10	变电站用/输电线路用	10	1.0/0.36	铝合金盒、专用帆布袋	常温型，声光、雨雪型，报警		
XS－YDQ－35	变电站用/输电线路用	35	1.54/0.46	铝合金盒、专用帆布袋	常温型，声光、雨雪型，报警		
XS－YDQ－110	变电站用/输电线路用	110	2.0/0.6	铝合金盒、专用帆布袋	常温型，声光、雨雪型，报警		
XS－YDQ－220	变电站用/输电线路用	220	3.0/0.8	铝合金盒、专用帆布袋	常温型，声光、雨雪型，报警		

续表

型号规格	类型	适用电压等级（kV）	工作长度/携带长度（m）	包装形式	其他技术性能	型式试验报告★/专项检测报告☆	制造厂家
XS－YDQ－330	变电站用/输电线路用	330	3.0/0.8	铝合金盒、专用帆布袋	常温型，声光、雨雪型，报警	★	西安鑫烁电力科技有限公司
XS－YDQ－500	变电站用/输电线路用	500	8.0/1.4	铝合金盒、专用帆布袋	常温型，声光、雨雪型，报警		
GD－1C 型 400V	接触式	0.4	1.2/0.3	铝盒/EVA 包	无	无	上海凡扬电力科技发展有限公司
GD－10 型 10kV	接触式	10	1.2/0.3	铝盒/EVA 包	无	无	
GD－35 型 35kV	接触式	35	1.7/0.39	铝盒/EVA 包	无	无	

二、非接触式验电器

用　途

验电时采用不与被测设备直接电气接触的操作方式，用于检测电气设备或线路是否带有工作电压。

适用电压等级

330、500、750、1000、±400、±500、±660、±800、±1100kV

执行标准

DL/T 1183　1000kV 非接触式验电器

GB 13398　带电作业用空心绝缘管、泡沫填充绝缘管和实心绝缘棒

主要技术性能要求

1. 机械性能

（1）适用气象条件：环境温度：－20～70℃，相对湿度：≤85%。

（2）抗冲击性：在波形为半正弦波、冲击最大加速度为150m/s²的冲击试验机上，能经受3个互相垂直方向的每个方向上连续3次冲击。

（3）抗振动性：在正弦扫频、频率范围10～150Hz，振动加速度为10m/s²的振动台上，能经受10次循环的扫频振动。

（4）在背景噪声不超过45dB环境条件下，验电器连续发声信号≥70dB、断续发声信号≥65dB。

2. 电气性能

（1）启动阈值：在阈值±5%范围内，当试验值低于验电器启动阈值时，验电器应无带电指示（仅有工作状态指示）；当试验值等于或大于验电器启动阈值时，验电器应发出带电指示。

（2）抗干扰性：邻近带电设备或接地部件的存在不应影响验电结果的正确性；交流验电器在直流环境不应启动、直流验电器在交流环境不应启动。

（3）电磁兼容性：验电器在静电放电、射频电磁场、脉冲磁场、工频磁场、阻尼振荡磁场作用下工作状态不应受影响。

（4）自检功能：验电器应具备自检功能。自检范围应包括验电器的所有电路和功能。

参考图片（见图2－2）

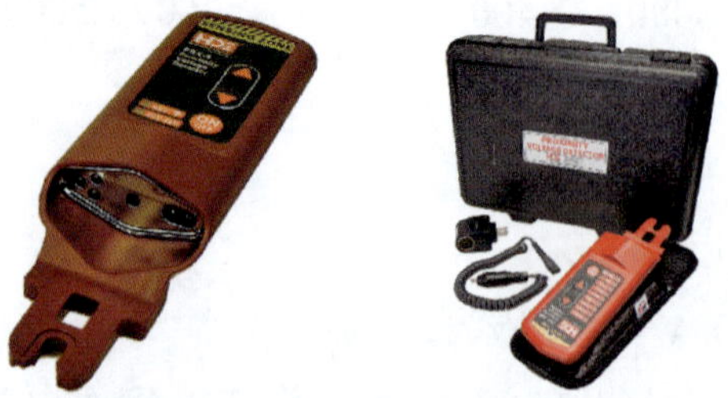

图2－2　非接触式验电器

主要技术指标

型号规格	类型	适用电压等级（kV）	验电距离（m）	包装形式	其他技术性能	型式试验报告★/专项检测报告☆	制造厂家
ZXAC－1000	线路用	1000	20～50	便携手提箱	电池容量：1200mAh；测量精度：0.01V	☆	众芯汉创（北京）科技有限公司
ZXAC－750	线路用	750	20～35				
ZXAC－500（330）	线路用	500/330	19～28				
ZXAC－Z－1000	变电站用	1000	12～20				
ZXAC－Z－750	变电站用	750	11～15				
ZXAC－Z－500（330）	变电站用	500/330	10～13				
ZXBC－±1100	线路用	±1100	20～50	便携手提箱	电池容量：1200mAh；测量精度：0.01V	☆	
ZXBC－±800	线路用	±800	35～42				
ZXBC－±660	线路用	±660	28～35				
ZXBC－±500	线路用	±500	19～28				
ZXBC－±400	线路用	±400	15～25				
ZXBC－Z－±1100	变电站用	±1100	15～22				
ZXBC－Z－±800	变电站用	±800	12～17				
ZXBC－Z－±660	变电站用	±660	11～15				
ZXBC－Z－±500	变电站用	±500	10～13				
ZXBC－Z－±400	变电站用	±400	9～12				
PRX－35D	变电站用/线路用	1～35	0.2～0.25	便携式手提箱	多量程电压选择；可用于50Hz/60Hz电力系统；快速充电，充电15min保证1天使用；操作温度：－40～＋49°C	★	美国HDE
PRX－500		1～500					
PRX－4		1～1000					

续表

型号规格	类型	适用电压等级（kV）	验电距离（m）	包装形式	其他技术性能	型式试验报告★/专项检测报告☆	制造厂家
XS－YDQ－0.4	变电站用/输电线路用	0.4	0.9/0.18	铝合金盒、专用帆布袋	常温型，声光、雨雪型，报警	★	西安鑫烁电力科技有限公司
XS－YDQ－10		10	1.0/0.36				
XS－YDQ－35		35	1.54/0.46				
XS－YDQ－110		110	2.0/0.6				
XS－YDQ－220		220	3.0/0.8				
XS－YDQ－330		330	3.0/0.8				
XS－YDQ－500		500	8.0/1.4				
GD－500型500kV	感应式	500	7.5/1.1	铝盒/牛津布袋	无	无	上海凡扬电力科技发展有限公司
GD－750型750kV	感应式	750	8.5/1.7	铝盒/牛津布袋	无	无	
GD－1000型1000kV	感应式	1000	9.5/1.7	铝盒/牛津布袋	无	无	

三、高压核相仪

用　途

用于探测和指示在相同的额定电压和频率下，两个已带电部位之间正确的相位关系。

适用电压等级

1～35kV

执行标准

DL/T 971 带电作业用交流 1～35kV 便携式核相仪

GB 13398 带电作业用空心绝缘管、泡沫填充绝缘管和实心绝缘棒

主要技术性能要求

1. 机械性能

（1）核相仪所指示的不正确相位关系角误差不应超过±10°。

（2）核相仪应清晰地指示不正确的相位关系。

（3）护手环到限位标记之间最小绝缘长度为 525mm。

（4）从限位标记到接触电极的最小长度符合 DL/T 971 中表 2 的要求。

最小长度（mm）	电压范围（kV）
300	$1<U_n\leq10$
450	$10<U_n\leq20$
600	$20<U_n\leq35$

（5）核相仪的设计应使操作便捷可靠，操作杆的握紧力不超过 200N；测量装置的质量不应超过总质量的 10%。

2. 电气性能

（1）核相仪的设计和制造应保证用户在按正确的操作方法和说明书的规定使用时的人身和设备安全。

（2）核相仪绝缘部件的材料性能应符合 GB 13398 的规定。

（3）核相仪接地引线和连接引线应由高压柔软多股电缆制成。核相仪引线的连接部件和引线的绝缘应能耐受 $1.2U_r$ 电压。

（4）使用核相仪进行核相作业时，其泄漏电流不应超过 0.5mA。

（5）当 $1.2U_r$ 的试验电压施加在接触电极之间时，对于电阻型核相仪，通过核相仪本体的最大回路电流不应超过 3.5mA。

（6）当使用者在正常的操作位置及标准光线的情况下，核相仪指示器应能

给出清晰易辨的声、光指示。

（7）核相仪在正常操作时，其带电部分之间或设备带电部分与地之间不应发生闪络或击穿。

（8）使用核相仪时，绝缘部件不应发生闪络或击穿，核相仪的指示器，不应发生火花放电而导致损坏。

参考图片（见图 2－3）

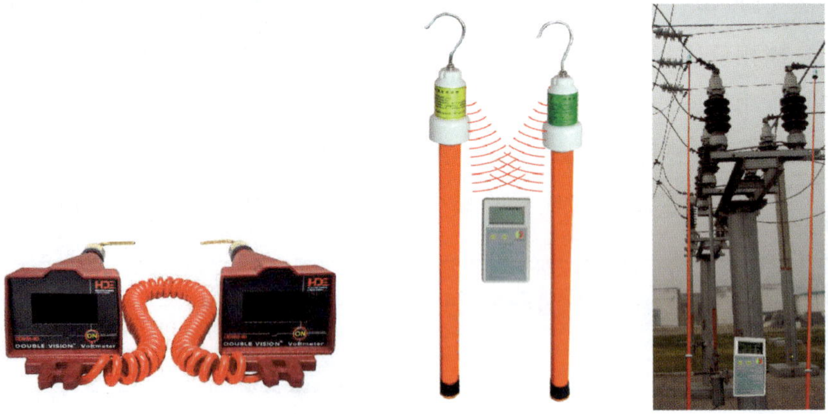

图 2－3　高压核相仪

主要技术指标

型号规格	类型	适用电压等级（kV）	工作长度/携带长度（m）	指针/数字	其他技术性能	型式试验报告★/专项检测报告☆	制造厂家
XLD100	无线	10	3.3/0.7	数字	验电、核定相序	无	南宁市鹏庆电力器材有限公司
XLD100	无线	35	3.3/0.7	数字		无	
XLD100	无线	110	5/1	数字		无	
GHXZ/10	有线	10	2.7/1.3	指针	无	无	天津市华电电力器材股份有限公司
GHXZ/35	有线	35	2.7/1.3	指针	无	无	
GHXW/0.4	无线	0.4	4/0.84	数字	无	无	

续表

型号规格	类型	适用电压等级（kV）	工作长度/携带长度（m）	指针/数字	其他技术性能	型式试验报告★/专项检测报告☆	制造厂家
GHXW/10	无线	10	4/0.84	数字	无	无	天津市华电电力器材股份有限公司
GHXW/35	无线	35	4/0.84	数字	无	☆	
DVM－80UVM	有线	≤40	30/0.36	数字	测量电压量程 1～40kV；测量电压精度±1%	☆	美国 HDE
DDVM－40	有线			数字			
DDPM－40	无线			数字	测量电压量程 1～40kV；测量电压精度±1%；无线通信距离 30m（典型值）；相位角差和相位关系显示		
DDVIP－40	无线			数字			
YG－GYHXY－35	无线	35	1.3/0.5	数字	无	☆	保定阳光电力设备有限公司
XS－HXY－10	无线	10	2/0.6	数字	电力线路、变电站的相位校验和相序校验	★	西安鑫烁电力科技有限公司
XS－HXY－35	无线	35	3/0.7	数字			
XS－HXY－110	无线	110	3.8/1	数字			
XS－HXY－220	无线	220	4.5/1.5	数字			
XS－GYHXY－500	无线	500	10/2	数字			
TAG8000	无线	0.35～220kV	30	语音数字	无	☆	上海凡扬电力科技发展有限公司
VC1600	无线	200V～220kV	30	语音数字	无	☆	

四、绝缘操作杆

用　途

绝缘操作杆（又称令克棒、绝缘拉杆），由工作头、绝缘杆和握柄三部分构成。用于分、合闸操作、拆除异物、装拆携带式接地线，以及测量和试验时使用。

适用电压等级

0.4、10、20、35、66、110、220、330、500、750、1000、±660、±800kV

执行标准

GB 13398　带电作业用空心绝缘管、泡沫填充绝缘管和实心绝缘棒
GB/T 18037　带电作业工具基本技术要求与设计导则
DL/T976　带电作业工具、装置和设备预防性试验规程

主要技术性能要求

1. 机械性能

（1）绝缘操作杆绝缘部分的机械抗弯、抗扭特性，以及耐径向挤压、轴向挤压和耐机械老化性能应满足 GB 13398 的要求。

（2）绝缘操作杆的有效绝缘长度应符合 GB/T 18037 中表 35 的要求。

电压等级（kV）	操作杆（cm）	支、拉、吊、紧线杆及绳索（cm）
10	70	40
35	90	60
63（66）	100	70
110	180	100
220	210	180
330	310	280
500	400	370
±500（DC）	370	340
750	500	500

2. 电气性能

（1）绝缘操作杆的绝缘部分应能耐受相隔 300mm 的两电极间 1min 工频耐压试验。在 100kV 工频电压下无滑闪、无火花或击穿，表面无可见漏电腐蚀痕迹，无可察觉的温度升高等。

（2）220kV 及以下电压等级的试品应能通过 1min 工频耐受电压试验，330kV 及以上电压等级的试品应能通过 5min 工频耐受电压试验，以无击穿、无闪络及发热为合格。

（3）330kV 及以上电压等级的试品应能通过 15 次操作冲击耐受电压试验，以无击穿、闪络及过热为合格。

（4）防雨型绝缘操作杆应在绝缘杆外表包裹硅橡胶外套并加装足够个数的硅橡胶防雨罩。

参考图片（见图 2－4）

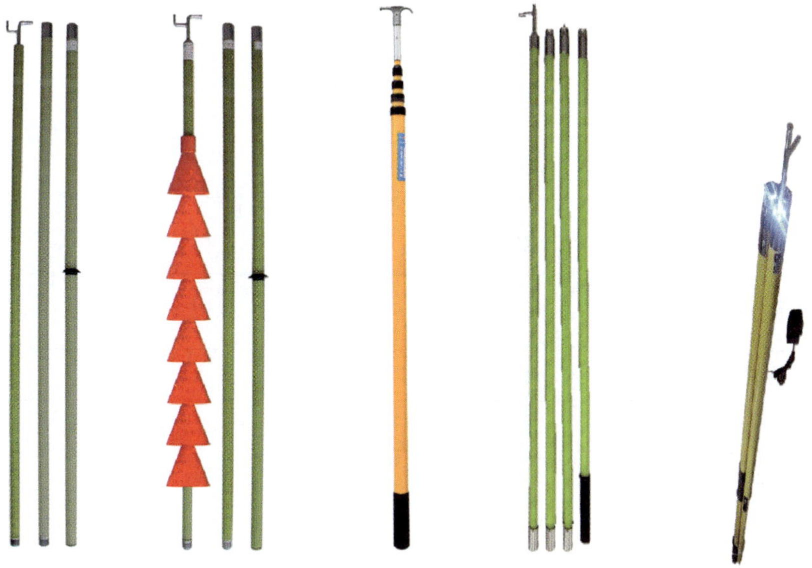

图 2－4 绝缘操作杆

主要技术指标

型号规格	类型	适用电压等级（kV）	总长度（m）/节数	有效绝缘长度（m）	其他技术性能	型式试验报告★/专项检测报告☆	制造厂家
JYG	伸缩式	10	6/4、5/8	≥0.7	无	☆	左易电力设备有限公司
NN－CZG－10	接续式/伸缩式	10	4/4	≥0.7	全天候	☆	南宁市鹏庆电力器材有限公司
NN－CZG－35	接续式/伸缩式	35	4/4	≥0.9	全天候	☆	南宁市鹏庆电力器材有限公司
NN－CZG－110	接续式/伸缩式	110	5/4	≥1.8	全天候	☆	南宁市鹏庆电力器材有限公司
NN－CZG－220	接续式/伸缩式	220	6/5	≥2.1	全天候	☆	南宁市鹏庆电力器材有限公司
NN－CZG－500	接续式/伸缩式	500	7/5	≥4.0	全天候	☆	南宁市鹏庆电力器材有限公司
JQG－HD－10	接续式/伸缩式	10	4.5/3	≥0.7	防雨雪	☆	天津市华电电力器材股份有限公司
JQG－HD－35	接续式/伸缩式	35	6/3	≥0.9	防雨雪	☆	天津市华电电力器材股份有限公司
JQG－HD－110	接续式/伸缩式	110	5/3	≥1.8	防雨雪	☆	天津市华电电力器材股份有限公司
JQG－HD－220	接续式/伸缩式	220	4.5/3	≥2.1	防雨雪	无	天津市华电电力器材股份有限公司
THCZG－35	接续式	35	1.5/1	≥0.9	无	☆	宁波天弘电力器具有限公司
THCZG－110	接续式	110	2/2	≥1.8	无	☆	宁波天弘电力器具有限公司
THCZG－220	接续式	220	3/3	≥2.1	无	☆	宁波天弘电力器具有限公司
THCZG－330	接续式	330	4.5/3	≥3.1	无	☆	宁波天弘电力器具有限公司
THCZG－500	接续式	500	6/4	≥4.0	无	☆	宁波天弘电力器具有限公司
Lk－2－0.4	接续式	0.4	3/1	0.175	无	☆	无锡安全用电设备厂有限公司
Lk－2－10	接续式	10	3/1	2.52	无	☆	无锡安全用电设备厂有限公司
Lk－3－20	接续式	20	1.5/1	0.92	无	☆	无锡安全用电设备厂有限公司

续表

型号规格	类型	适用电压等级（kV）	总长度（m）/节数	有效绝缘长度（m）	其他技术性能	型式试验报告★/专项检测报告☆	制造厂家
Lk－2－35	接续式	35	1.5/1	0.9	无	☆	无锡安全用电设备厂有限公司
Lk－2－110	接续式	110	4/4	3.24	无	☆	
Lk－3－110	伸缩式	110	5/4	3.84	无	☆	
Lk－2－220	接续式	220	4.5/3	3.55	无	☆	
Lk－2－500	接续式	500	6/3	4.9	无	☆	
XDL－LZG－10	接续式	10	3/3	2.23	0.3m/100kV/1min	☆	河北信得利电器设备有限公司
XDL－LZG－35	接续式	35	4.5/3	3.43	0.6m/150kV/1min	☆	
XDL－LZG－110	接续式	110	5/3	3.83	1m/250kV/1min	☆	
XDL－LZG－220	接续式	220	6/3	4.13	1.8m/450kV/1min	☆	
XDL－LZG－500	接续式	500	6/3	4.13	3.7m/640kV/5min	☆	
DT－ϕ30×3000－10	接续式	10	3/1	≥0.7	无	☆	台州市大通电力机具有限公司
DT－ϕ30×3000－220	接续式	220	3/1	≥2.1	无		
DT－ϕ30×1500－10	接续式	10	1.5/1	≥0.7	无		
DT－ϕ30×1500×2－220	接续式	220	3/2	≥2.1	无		
HV－208	伸缩式	0.4	2.4/4	≥0.7	无	无	陕西华安电力科技有限公司
HV－212	伸缩式	10	3.6/2	≥0.9	无	无	
HV－216	伸缩式	35	5.1/3	≥1.8	无	无	
HV－220	伸缩式	110	6.4/4	≥2.1	无	无	
HV－225	伸缩式	220	7.7/4	≥3.1	无	无	
HV－230	伸缩式	500	9.1/5	≥4.0	无	无	
HV－230	伸缩式	750	10.6/6	≥5.0	无	无	
S－2H	接续式	0.4	0.66/1	≥0.7	无	无	
S－4H	接续式	10	1.2/1	≥0.9	无	无	
S－6H	接续式	35	1.8/1	≥1.8	无	无	

续表

型号规格	类型	适用电压等级（kV）	总长度（m）/节数	有效绝缘长度（m）	其他技术性能	型式试验报告★/专项检测报告☆	制造厂家
LFCZG－35	接续式	35	4/3	3.26	无	☆	淄博龙飞电力器材有限公司
YG－LZG－10	接续式	10	3.1/3	≥0.7	无	☆	保定阳光电力设备有限公司
YG－LZG－35	接续式	35	3.95/3	≥0.9	无	☆	
YG－LZG－500	接续式	500	6/4	≥4.0	无	☆	
XS－CZG－10	接续式	10	3.0/3	≥0.7	全天候/防雨	★	西安鑫烁电力科技有限公司
XS－CZG－35	接续式	35	3.0/3	≥0.9	全天候/防雨		
XS－CZG－66	接续式	66	3.0/3	≥1.0	全天候/防雨		
XS－CZG－110	接续式	110	4.0/3	≥1.3	全天候/防雨		
XS－CZG－220	接续式	220	4.5/4	≥2.1	全天候/防雨		
XS－CZG－330	接续式	330	5.0/4	≥3.1	全天候/防雨		
XS－CZG－500	接续式	500	6.0/4	≥4.0	全天候/防雨		
XS－CZG－1000	接续式	1000	10.0/5	≥7.0	全天候/防雨		
XS－CZG－YY10	夜用多功能	10	3.0/3	≥0.7	防雨/夜用		
XS－CZG－YY35	夜用多功能	35	3.0/3	≥0.9	防雨/夜用		
XS－CZG－YY66	夜用多功能	66	3.0/3	≥1.0	防雨/夜用		
XS－CZG－YY110	夜用多功能	110	4.0/3	≥1.3	防雨/夜用		
XS－CZG－YY220	夜用多功能	220	4.5/4	≥2.1	防雨/夜用		
XS－CZG－YY330	夜用多功能	330	5.0/4	≥3.1	防雨/夜用		
XS－CZG－YY500	夜用多功能	500	6.0/4	≥4.0	防雨/夜用		
XS－CZG－YY1000	夜用多功能	1000	10.0/5	≥7.0	防雨/夜用		
D25	伸缩式	100kV	2.43/5	0.67～2.43	无	☆	上海凡扬电力科技发展有限公司
FS－2.3	伸缩式	100kV	2.3/4	2.3	无	☆	
10kV（3m）	接续式	10kV	3	3	无	☆	

五、放电棒

用　途

由绝缘操作杆、限流器和短路线组成，用于对电气设备（如电力电容器、电力电缆等）积累的电荷进行放电，确保人身安全。

适用电压等级

10、20、35、66、110、220kV

执行标准

GB 13398　　带电作业用空心绝缘管、泡沫填充绝缘管和实心绝缘棒

GB/T 18037　带电作业工具基本技术要求与设计导则

主要技术性能要求

1. 机械性能

（1）放电棒绝缘部分的机械抗弯、抗扭特性，以及耐径向挤压、轴向挤压和耐机械老化性能应满足 GB 13398 的要求。

（2）放电棒的有效绝缘长度应符合 GB/T 18037 中表 35 的要求。

电压等级（kV）	操作杆（cm）	支、拉、吊、紧线杆及绳索（cm）
10	70	40
35	90	60
63（66）	100	70
110	180	100
220	210	180

（3）放电棒的接地线与绝缘操作杆连接应牢固。

2. 电气性能

（1）放电棒的绝缘部分应能耐受相隔 300mm 的两电极间 1min 工频耐压试验。在 100kV 工频电压下无滑闪、无火花或击穿，表面无可见漏电腐蚀痕迹，无可察觉的温度升高等。

（2）绝缘操作杆在型式试验中，进行淋雨状态下的泄漏电流试验，在规定的试验电压和时间下，通过整件工具的泄漏电流应不大于 0.5mA。

参考图片（见图 2–5）

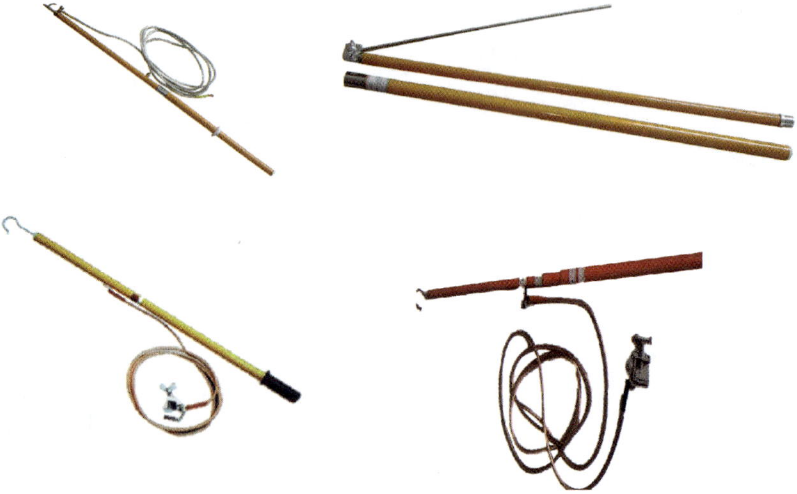

图 2–5　放电棒

主要技术指标

型号规格	类型	适用电压等级（kV）	工作长度/携带长度（m）	地线长度（m）/截面（mm^2）	其他技术性能	型式试验报告★/专项检测报告☆	制造厂家
PQ–10	电阻式	10	1.5/0.65	4/16	把电容器中余电放掉	☆	南宁市鹏庆电力器材有限公司
PQ–35	电阻式	35	1.5/0.65	4/16		☆	

续表

型号规格	类型	适用电压等级（kV）	工作长度/携带长度（m）	地线长度（m）/截面（mm^2）	其他技术性能	型式试验报告★/专项检测报告☆	制造厂家
HD－FDR－10	电阻式	10	1.6/0.8	4/16	无	无	天津市华电电力器材股份有限公司
HD－FDZ－10	短路式	10	1.2/0.6	4/16	无	无	
YG－FDB－10	电阻式	10	1/0.8	2/16	无	☆	保定阳光电力设备有限公司
ZF－1 型 400V	电阻式	0.4	1.2/0.3	4/3.5	声光指示，放电电流 1～5mA		上海凡扬电力科技发展有限公司
ZF－2 型 10kV	电阻式	10	1.2/0.3	4/3.5	声光指示，放电电流 1～5mA		
ZF－3 型 35kV	电阻式	35	1.7/0.39	5/3.5	声光指示，放电电流 1～5mA		
ZF－1 型 400V	直接式	0.4	1	4/25			
ZF－10 型 10kV	直接式	10	1	4/25			
ZF－35 型 35kV	直接式	35	1.5	5/25			

六、绝缘隔板

用　途

采用绝缘板材制成，用于隔离带电部件、限制工作人员的活动范围，防止人员触电。

适用电压等级

10、20、35kV

执行标准

DL/T 878　带电作业用绝缘工具试验导则

HG 2949　电绝缘橡胶板

主要技术性能要求

1. 机械性能

（1）静负荷试验：在 2.5 倍额定工作负荷下持续 5min 无变形、无损伤。

（2）动负荷试验：在 1.5 倍额定工作负荷下操作 3 次，要求机构动作灵活，无卡住现象。

2. 电气性能

（1）不同厚度绝缘隔板最小击穿电压有效值满足 HG 2949 中表 2 要求。

厚度（mm）	试验电压/（有效值）（kV）	最小击穿电压/（有效值）（kV）
4	10	15
6	20	30
8	25	35
10	30	40
12	35	45

注　绝缘胶板在使用时，应根据规定在试验电压和最大使用电压之间有一定的裕度，以保证人身安全。

（2）表面工频耐压试验：额定电压 6～35kV，工频耐压 60kV，持续 1min，电极间距 300mm，无闪络、无击穿、无发热为合格。

参考图片（见图 2－6）

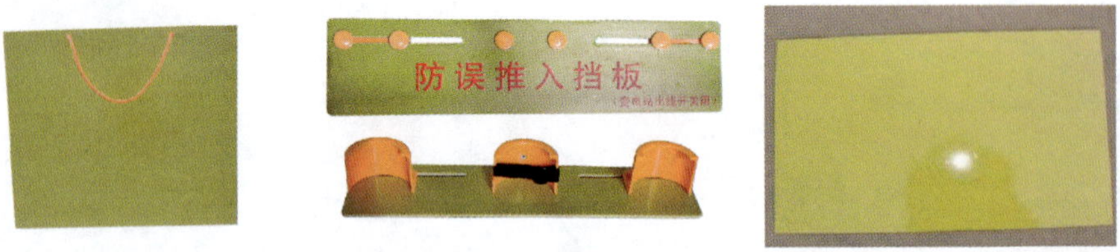

图 2－6　绝缘隔板

主要技术指标

型号规格	材质	适用电压等级（kV）	尺寸（长×宽，mm×mm）	厚度（mm）	其他技术性能	型式试验报告★/专项检测报告☆	制造厂家
YG－JYGB－10	环氧树脂	10	1000×300	6	无	☆	保定阳光电力设备有限公司
PQ－10	环氧树脂	10	800×600	5	防潮性能	☆	南宁市鹏庆电力器材有限公司
XDL－DB	环氧树脂	10	800×600	10	耐臭氧试验：1.0h/16.0kV	☆	河北信得利电器设备有限公司
JGB－1	PVC 板	10	700×600	4	无	☆	台州市大通电力机具有限公司
JGB－2	3240 板	10	700×600	4	无		
HD－JYGB－10	环氧树脂	10	800×600	4	无	无	天津市华电电力器材股份有限公司
HD－JYGB－35	环氧树脂	35	800×600	4	无	无	
XS－GB－10	环氧树脂	10	600×800	3	硬质，防潮性能好、绝缘性能高，耐臭氧，机械冲击试验无裂纹、无明显损伤	★	西安鑫烁电力科技有限公司
XS－GB－35	环氧树脂	35	600×800	4			
DBS－400	绝缘子隔离挡板	10	600×600		无	☆	上海凡扬电力科技发展有限公司
PC－600	高压绝缘挡板	35	600×600		无	☆	

七、绝缘罩

用　途

采用绝缘材料制成，用于对运行中的电气设备及构件进行绝缘遮蔽或隔离防护。

适用电压等级

10、20、35kV

执行标准

GB/T 12168　带电作业用遮蔽罩

主要技术性能要求

1. 机械性能

（1）绝缘罩的尺寸和形状应和被遮蔽对象相配合。绝缘罩上应有操作定位装置，以便可以使用合适的工具来安装和拆卸。绝缘罩上应有锁定装置，应能用绝缘杆来操作绝缘罩的闭锁或开启。

（2）机械试验：按照 GB/T 12168 规定的方法，绝缘罩在受到冲击力后其凹痕直径不应大于 5mm，冲击处应无裂痕，无明显损伤。

2. 电气性能

绝缘罩的绝缘材料应按照 GB/T 12168 规定的方法，进行工频耐压和泄漏电流试验，试验中应不出现闪络或击穿。试验后，试样各部分应无灼伤、无发热现象，且泄漏电流不大于规定数值，则试验通过。

参考图片（见图 2－7）

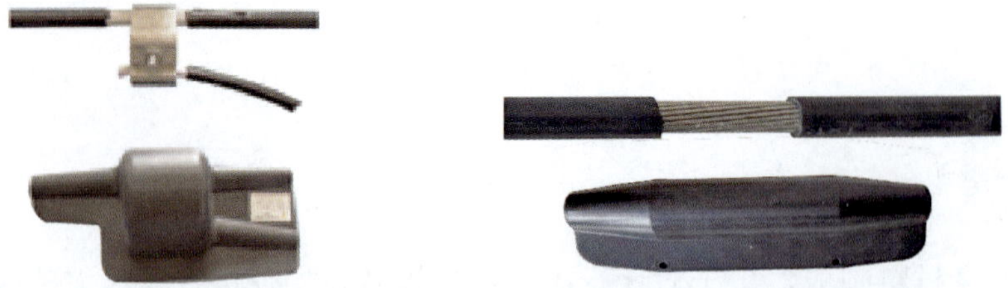

HD-JZJZ 型 J 型线夹支线接头橡胶绝缘护罩　HD-JDHJJZ 型 10kV 架空绝缘导线裸露点恢复绝缘橡胶绝缘护罩

图 2－7　绝缘罩

主要技术指标

型号规格	类型	适用电压等级（kV）	外形尺寸（长×宽×高，mm×mm×mm）	材质	作用	其他技术性能	型式试验报告★/专项检测报告☆	制造厂家
PQ－0.4	横担绝缘罩	0.4	—	硅橡胶	防灰尘、鼠蛇等破坏影响正常工作	接线端子0°	☆	南宁市鹏庆电力器材有限公司
PQ－10	横担绝缘罩	10	—	硅橡胶		母排设备线夹90°	☆	
ZJH－15	横担绝缘罩	10	450×110×130	聚氯乙烯	防止作业人员与带电体发生直接碰触	无	☆	台州市大通电力机具有限公司
YG－JYZ－10	安全护套	10	110×60×50	硅橡胶	防护	软形，最大长度300mm，厚度2mm	☆	保定阳光电力设备有限公司
XSDL－JYZ	硬质	10/35/110/220/500	—	硅橡胶	保护设备、防动物破坏影响线路	耐高温、耐酸性	★	西安鑫烁电力科技有限公司
XSDL－JYZ	软质	10/35/110/220/500	—	硅橡胶				
FH－1	支接横担遮蔽罩	10kV		合成橡胶	用于带电拆、搭耐张杆引线，用于处理中相引线时遮蔽支接横担，确保人员对地距离	无	☆	上海凡扬电力科技发展有限公司
PN－1	耐张瓷瓶遮蔽罩	10kV		合成橡胶	用于带电拆、搭耐张杆引线，用于遮蔽瓷拉棒绝缘子，确保人员对地距离	无	☆	
FH	分段横担遮蔽罩	10kV		合成橡胶	适用于10kV带电直线开分段，用于完全遮蔽合荷横担，隔离导线与横担	无	☆	

八、携带型短路接地线

用　途

用于将已停电的交流输电、变电、配电电气设备、220～500kV 输电线路绝缘架空地线及试验设备临时短路接地，以防检修过程中线路及设备意外来电所产生的危险电压和电弧对作业人员构成伤害。

适用电压等级

0.4、10、20、35、66、110、220、330、500、750、1000kV

执行标准

DL/T 879　带电作业用便携式接地和接地短路装置

主要技术性能要求

1. 机械性能

（1）携带型短路接地线应能承受设计规定的故障电流，而不对工作人员产生任何电气、机械、化学或热学方面的伤害。

（2）机械拉力应不对线夹或连接点（固定连接点或导线）造成破坏。

（3）接地操作杆应用绝缘材料制成，其最小尺寸应按待接地设备和导线的额定电压下安全作业的要求选择，接地操作杆及其附件应能承受负载与各种力所产生的弯曲或扭转应力。

（4）携带型短路接地线的接地线和短路线应为多股铜质软绞线，并具有柔软和耐高温的特点，绞线应外覆柔韧的厚度不小于 1mm 的透明绝缘层。

（5）携带型短路接地线的选择应按照所在的电力系统实际最大短路容量决

定，接地线和短路线的最小截面见下表。

短路用铜导线截面积（mm^2）	接地用铜导线截面积（mm^2）
16	16
25	16
35	16
50	25
70	35
95	35
≥120	50

2. 电气性能

（1）携带型短路接地线应能通过 DL/T 879 规定的短路电流试验。

（2）携带型短路接地线所有导线与连接应能承受短路时短时间最大电流所产生的混合热应力与机械应力。

参考图片（见图 2－8）

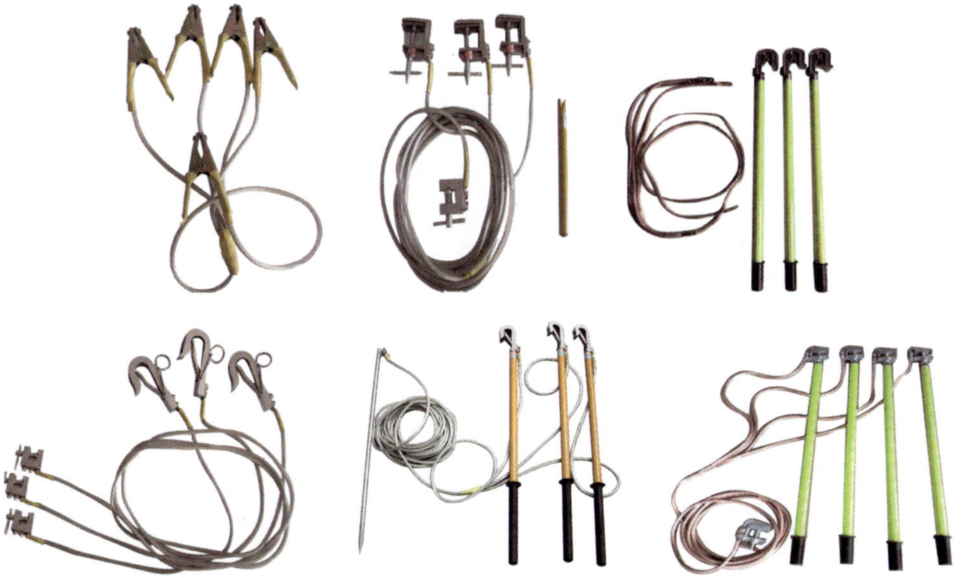

图 2－8　携带型短路接地线

主要技术指标

型号规格	类型	适用电压等级（kV）	三相短路线长度（m）/截面（m^2），接地线长度（m）/截面（m^2）	操作杆长度（m）/节数	其他技术性能	型式试验报告★/专项检测报告☆	制造厂家
YG－JDX－10	变电站用/线路用	10	0/0，3/25	1/1	无	☆	保定阳光电力设备有限公司
YG－JDX－35	变电站用/线路用	35	0/0，3/25	1.5/1	无	☆	
NN－JDX－10	变电站用/线路用	10	0/0，2/25	1/1	接地线绝缘杆杆材由合成材料制成，接地线采用高纯度铜线，柔软、耐高温、防脆裂的性能	☆	南宁市鹏庆电力器材有限公司
NN－JDX－35	变电站用/线路用	35	0/0，2/25	1.5/1		☆	
NN－JDX－110	变电站用/线路用	110	0/0，3/35	2/2		☆	
NN－JDX－220	变电站用/线路用	220	0/0，3/35	3/2		☆	
XJ－1	变电站用	0.4	0.7/50，2/25	0.3/1	无	☆	无锡安全用电设备厂有限公司
XJ－2/10	变电站用	10	0/0，3/25	1/1	无	☆	
XJ－2/20	变电站用	35	0/0，2/25	1.5/1	无	☆	
XJ－5/20	线路用	20	0/0，2/25	1.5/1	无	☆	
XJ－5/110	线路用	110	0/0，3/35	2/1	无	☆	
XJ－6	线路用	220	0/0，3/50	3/1	无	☆	
XDL－JDX－0.4	变电站用	0.4	0/0，1/16	0.5/1	接地线电阻值≤1.24mΩ	☆	河北信得利电器设备有限公司
XDL－JDX－10	线路用	10	0/0，1/25	1/1	接地线电阻值≤0.79mΩ	☆	
XDL－JDX－35	线路用	35	0/0，1.5/25	1.5/1	接地线电阻值≤0.79mΩ	☆	
XDL－JDX－110	线路用	110	0/0，2/35	2/1	接地线电阻值≤0.56mΩ	☆	
XDL－JDX－220	线路用	220	0/0，3/35	3/2	接地线电阻值≤0.56mΩ	☆	
XDL－JDX－500	线路用	500	0/0，5/50	6/3	接地线电阻值≤0.4mΩ	☆	
XJLX－10	线路用	10	1/50，12/25	1/1	无	★	宁波天弘电力器具有限公司

续表

型号规格	类型	适用电压等级（kV）	三相短路线长度（m）/截面（m^2），接地线长度（m）/截面（m^2）	操作杆长度（m）/节数	其他技术性能	型式试验报告★/专项检测报告☆	制造厂家
XDJ－HD－0.4	线路用	0.4	0/0，1/16	0.4	无氧杆铜丝	☆	天津市华电电力器材有限公司
XDJ－HD－10	线路用	10	0/0，1/25	0.4	无氧杆铜丝	☆	
XDJ－HD－110	线路用	110	0/0，3/35	2.03	无氧杆铜丝	☆	
XDJ－HD－220	线路用	220	0/0，3/50	4.5	无氧杆铜丝	☆	
LF－JDX－0.4	变电站用	0.4	0/0，3/16	—	手握夹钳	☆	淄博龙飞电力器材有限公司
LF－JDX－10	线路用	10	0/0，3/25	1/1	无	☆	
LF－JDX－110	线路用	110	0/0，3/35	2.5/1	无	☆	
XS－JDX－0.4	变电站用	0.4	线长：4×1m＋1×3m，线粗：$16mm^2$	0.7/1	动稳定、热稳定性良好	★	西安鑫烁电力科技有限公司
XS－JDX－10	变电站用	10	线长：3×1m＋1×3m，线粗：$25mm^2$	1.0/1			
XS－JDX－35	变电站用	35	线长：3×2m＋1×5m，线粗：$25mm^2$	1.5/1			
XS－JDX－110	变电站用	110	线长：3×5m＋1×6m，线粗：$35mm^2$	3/2			
XS－JDX－220	变电站用	220	线长：3×5m＋1×6m，线粗：$35mm^2$	3/2			
XS－JDX－330	变电站用	330	线长：3×5m＋1×6m，线粗：$50mm^2$	3/2			
XS－JDX－500	变电站用	500	线长：3×12m＋1×5m，线粗：$50mm^2$	6.0/4			
XS－JDX－1000	变电站用	1000	线长：3×30m＋1×2m，线粗：$50mm^2$	6.0/4			
XS－JDX－0.4	变电站用	0.4	线长 4×1.2m＋1×12m，线粗：$16mm^2$	0.7/1			
XS－JDX－10	线路用	10	线长：3×1.5＋1×13.5，线粗：$25mm^2$	1.0/1			
XS－JDX－35	线路用	35	线长 3×3m＋1×15m，线粗：$25mm^2$	1.5/1			

续表

型号规格	类型	适用电压等级（kV）	三相短路线长度（m）/截面（m^2），接地线长度（m）/截面（m^2）	操作杆长度(m)/节数	其他技术性能	型式试验报告★/专项检测报告☆	制造厂家
XS－JDX－110	线路用	110	线长：3×3.5m＋1×11.5m，线粗：35mm^2	3/2			
XS－JDX－220	线路用	220	线长：3×2m＋1×13m，线粗：35mm^2	3/2			
XS－JDX－330	线路用	330	线长：3×5m＋1×13m，线粗：50mm^2	3/2	动稳定、热稳定性良好	★	西安鑫烁电力科技有限公司
XS－JDX－500	线路用	500	线长：3×6.5m＋1×13.5m，线粗：50mm^2	6.0/4			
XS－JDX－1000	线路用	1000	线长：3×13m＋1×13m，线粗：50mm^2	6.0/4			
XLG－10A	变电站用	6～10kV	1m×3 根＋3.5m	0.3m×3 根	无	☆	上海凡扬电力科技发展有限公司
XJ－220	线路用	220kV	5m×3 根＋4m	2 节×2m	无	☆	

九、个人保安线

用　途

用于防止因平行或邻近、交叉跨越及同杆塔并架线路可能产生的感应电对停电检修线路上作业人员的伤害，作业时应随身携带使用。

适用电压等级

10、20、35、66、110、220、330、500kV

执行标准

GB 26860　电力安全工作规程 发电厂和变电站电气部分

DL/T 879　带电作业用便携式接地和接地短路装置

主要技术性能要求

1. 机械性能

（1）个人保安线应使用有透明护套的多股软铜线和专用线夹组成，个人保安线的截面积不小于 $16mm^2$。

（2）个人保安线应带有绝缘手柄或绝缘部件。

2. 电气性能

个人保安线的额定电阻值应当符合 GB 26860 的规定，接线端子之间测量直流电阻，对于25、35、50、70、95、$120mm^2$ 的各种截面，平均每米的电阻值应分别小于0.79、0.56、0.40、0.28、0.21、0.16mΩ。

参考图片（见图 2－9）

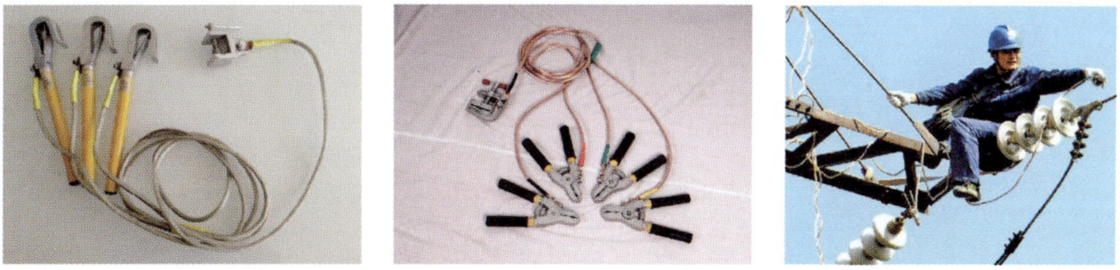

图 2－9　个人保安线

主要技术指标

型号规格	类型	适用电压等级（kV）	短路线长度/截面（m/m^2）	操作杆长度（m）	其他技术性能	型式试验报告★/专项检测报告☆	制造厂家
YG－BZX－0.4	变电站用/线路用	0.4	1/16	0.5	无	☆	保定阳光电力设备有限公司
GBJ－HD	线路用	10	1/16	0.4	无	☆	天津市华电电力器材股份有限公司
NN－BAX－0.4	线路用	0.4	3/16，1/16	0.5	具有柔软、耐高温、防脆裂、导电性能好	☆	南宁市鹏庆电力器材有限公司
XDL－BAX	变电站用	0.4	1/16	0.5	短路线电阻值≤1.24mΩ	☆	河北信得利电器设备有限公司
TH－XJGB	线路用	220	5.5/25	—	无	☆	宁波天弘电力器具有限公司
BX－01	低压个人保安线		25 35 50 70 95 120		无	☆	上海凡扬电力科技发展有限公司
BX－02	高压个人保安线	500～1000kV	10 16 25		无	☆	

第三章　辅助绝缘安全工器具

一、绝缘手套

用　途

用于配电线路带电作业或高压设备操作时对手部的辅助绝缘防护。

适用电压等级

0.4、3、10、20、35kV

执行标准

GB/T 17622　带电作业用绝缘手套

DL/T 976　带电作业工具、装置和设备预防性试验规程

主要技术性能要求

1. 机械性能

（1）平均拉伸强度应不低于 16MPa，平均拉断伸长率不低于 600%。

（2）拉伸永久变形不应超过 15%。

（3）抗刺穿力：绝缘手套的平均抗机械刺穿强度应不小于 18N/mm。

（4）具有良好的耐老化、耐低温和阻燃性能。

2. 电气性能

（1）绝缘手套绝缘性能要求满足以下要求。

级别	额定电压（kV）	验证电压（kV）	最低耐受电压（kV）	泄漏电流（mA）		
				手套长度（mm）		
				360	410	460
0	0.4	5	10	14	16	18
1	3	10	20	16	18	20
2	10	20	30	18	20	22
3	20	30	40	20	22	24
4	35	40	50	—	24	26

（2）绝缘手套预防性试验要求如下。

级别	额定电压（kV）	试验参数（kV/1min）
0	0.4	5
1	3	10
2	10	20
3	20	30
4	35	40

参考图片（见图3－1）

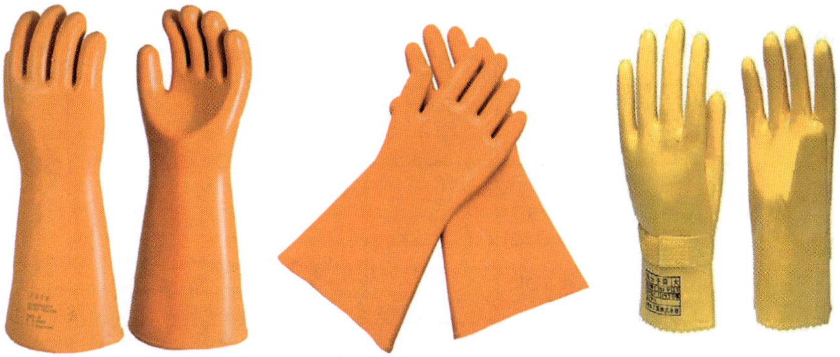

图3－1　绝缘手套

主要技术指标

型号规格	材质	适用电压等级（kV）	尺码（mm）	其他技术性能	型式试验报告★ / 专项检测报告☆	制造厂家
HD－JYST－12	橡胶	10	360，410，460	无	无	天津市华电电力器材股份有限公司
AQ－S035	天然橡胶	30	410	通过 CE 认证	★	双安科技（天津）有限公司
AQ－S025	天然橡胶	21.75	410		★	
AQ－S012	天然橡胶	8	360		★	
AQ－S005	天然橡胶	0.4	410		★	
AQ－S020	天然橡胶	10	410		★	
AQ－S040	天然橡胶	35	410		★	
YG－JYST－10	橡胶	10	360，410，460	无	☆	保定阳光电力设备有限公司
I	橡胶	12	M	无	无	上海凡扬电力科技发展有限公司
YS－101－31－02	橡胶	20	M	无	无	
YS102－13－14	橡胶	5	L	无	无	
LIVE－S00	常规	天然乳胶	0.5	8，9，10，11	★	上海诚格安全防护用品有限公司
LIVE－S0	常规	天然乳胶	1	8，9，10，11	★	
LIVE－S1	常规	天然乳胶	7.5	8，9，10，11	★	
LIVE－S2	常规	天然乳胶	17	8，9，10，11	★	
LIVE－S3	常规	天然乳胶	26.5	8，9，10，11	★	
LIVE－S4	常规	天然乳胶	35	8，9，10，11	★	

二、防护手套

用　途

配合绝缘手套使用，用于保护绝缘手套免受作业中机械性伤害（如磨损、刺穿等）。

适用电压等级

通用

执行标准

GB/T 29512　手部防护　防护手套的选择、使用和维护指南
GB/T 12624　手部防护　通用技术条件及测试方法
AQ 6103　焊工防护手套

主要技术性能要求

（1）一般采用皮革材料制成。
（2）具有较好的耐磨性、抗切割性、抗撕裂性和抗刺穿性等。
（3）各项技术指标应通过 AQ 6103 规定的试验。

参考图片（见图3-2）

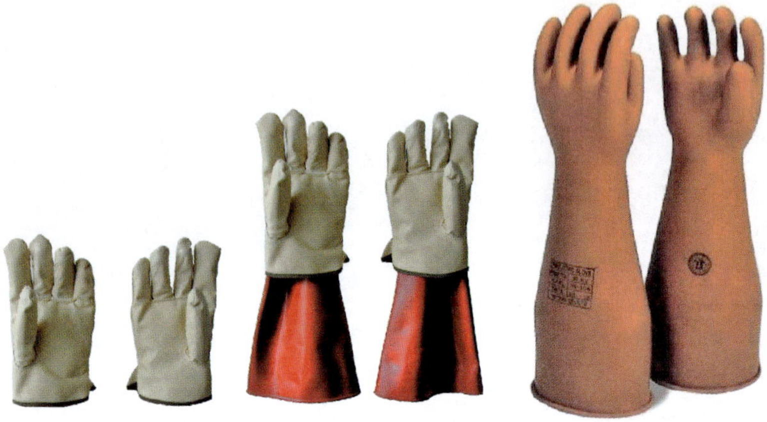

图3-2　防护手套

主要技术指标

型号规格	类型	材质	适用电压等级（kV）	尺码（mm）	其他技术性能	型式试验报告★/专项检测报告☆	制造厂家
HD-FHST	手型	牛二层	10	220～270	防穿刺	无	天津市华电电力器材股份有限公司
YS103-12-03	常规	帆布	0	均码	无	无	上海凡扬电力科技发展有限公司
2091907-10	常规	橡胶	5000V	均码	无	无	
JF-330B	常规	棉+橡胶	0	均码	无	无	
LIVE WORKING		羊皮	—	L、M、S	羊皮材质	★	上海诚格安全防护用品有限公司

三、绝缘靴

用 途

用于高压设备（线路）操作、巡视时，对作业人员足部的辅助绝缘防护，防止跨步电压伤害。

适用电压等级

0.4、3、10、20、35kV

执行标准

GB 12011 足部防护 电绝缘鞋

GB 12016 绝缘鞋（靴）绝缘性能试验方法

DL/T 676 带电作业用绝缘鞋（靴）通用技术条件

DL/T 976 带电作业工具、装置和设备预防性试验规程

主要技术性能要求

1. 机械性能

（1）绝缘靴后跟高度不应超过30mm，外底应有防滑花纹。

（2）绝缘靴拉伸强度、扯断伸长率、磨耗、硬度、黏附强度、耐折性能等均应满足DL/T 676要求。

（3）具有良好的耐磨、耐低温、热老化性能；抗一般性撕裂。

（4）使用温度：－25～＋55℃。

2. 电气性能

（1）绝缘靴应进行交流验证电压试验，验证电压下泄漏电流值应满足 DL/T 676 的要求。

级别	额定电压（kV）	验证试验电压（kV）	验证电压下最大泄漏电流（mA）
0	0.4	10	18
1	3	20	20
2	10	30	22
3	20	40	24
4	35	50	26

注 **1.** 在正常使用时，其泄漏电流值比试验值小，因为试验时试品与水（水的电导率应≤100μS/cm）的接触面积比进行带电作业时的接触面积大，并且验证试验电压比最大使用电压高。

2. 对于预防性试验（绝缘靴没有经过预湿处理），泄漏电流规定值应相应较低 2mA。

（2）绝缘靴预防性试验要求如下表所示。

级别	额定电压（kV）	试验参数（kV/1min）
0	0.4	5
1	3	10
2	10	20
3	20	30
4	35	40

参考图片（见图 3－3）

图 3－3　绝缘靴

主要技术指标

型号规格	类型	材质	适用电压等级（kV）	鞋帮高度（mm）	其他技术性能	型式试验报告★/专项检测报告☆	制造厂家
HD-JYX-30	高帮	橡胶	10	220	无	无	天津市华电电力器材股份有限公司
AQ-ZX006	高帮	天然橡胶	0.4	330	无	★	双安科技（天津）有限公司
AQ-ZX020	高帮	天然橡胶	10	220	无	★	
AQ-ZX025	高帮	天然橡胶	15	205	无	★	
AQ-ZX035	高帮	天然橡胶	27.5	215	无	★	
YG-JYX-20	高帮	橡胶	20	100～110	无	☆	保定阳光电力设备有公司
06-12-50500	高帮	橡胶	25	42	无	无	上海凡扬电力科技发展有限公司
YS11-09-06	高帮	橡胶	20	43～48	无	无	
CG-6	高帮	橡胶	6	38～45	无	无	
CBDBS4	高帮	橡胶	30	L、M、S	整鞋采用硫化橡胶，鞋面橙色和绿色可见度对比，容易清洗。经过防强酸和强碱测试。漆涂层以防气候变化影响，鞋头里有钢包头，环氧涂层覆盖鞋头	★	上海诚格安全防护用品有限公司

四、绝缘鞋

用　途

用于在电气设备上工作时，对作业人员足部的辅助绝缘防护，防止触电伤害。

适用电压等级

0.4、3、10、20kV

执行标准

GB 12011　　足部防护　电绝缘鞋

GB/T 3293.1　鞋号

主要技术性能要求

1. 机械性能

（1）电绝缘鞋应采用优质皮革、布面胶、胶面胶及塑料等材料制作，并满足 GB 12011 相关规定。

（2）电绝缘鞋的鞋底和跟部不应有金属勾心等部件。防砸型的绝缘鞋内包头是金属材料时，应进行表面绝缘处理，并在制鞋时与鞋成为一体不能活动。帮底联结不应采用上下穿通线缝，可以侧缝。

（3）鞋号设置应符合 GB/T 3293.1 的规定。

（4）电绝缘鞋的外底应有防滑花纹。

（5）耐磨性能：电绝缘皮鞋外底磨痕长度应不大于 10mm；电绝缘布面鞋的

磨耗减量不大于 1.4cm³；15kV 及以下电绝缘胶鞋的磨耗减量不大于 1.0cm³；20kV 及以上电绝缘胶鞋的磨耗减量不大于 1.9cm³。

（6）耐折性能：非皮革的外底要求连续曲绕 40000 次，有预割口 5～12mm；或无预割口，50000 次不断裂。

（7）渗水性：电绝缘胶鞋和聚合材料鞋按照 GB 12011 的规定试验时，鞋帮和鞋底不应出现渗水现象。

（8）电绝缘皮鞋的剥离强度应不小于 70N/cm。

2. 电气性能

（1）电绝缘皮鞋和电绝缘布面鞋：当泄漏电流为 0.3mA/kV 时，应满足下表要求。

项目名称	出厂检验			预防性检验		
	皮鞋	布面胶底鞋		皮鞋	布面胶底鞋	
试验电压（工频），kV	6	5	15	5	3.5	12
泄漏电流，mA ≤	1.8	1.5	4.5	1.5	1.1	3.6
试验时间，min	1					

（2）电绝缘胶鞋和聚合材料的电绝缘鞋：当泄漏电流为 0.4mA/kV 时，应满足下表要求。

项目名称	出厂检验					预防性检验				
试验电压（工频），kV	6	10	15	20	30	4.5	8	12	15	25
泄漏电流，mA ≤	2.4	4	6	8	10	1.8	3.2	4.8	6	10
试验时间，min	1									

参考图片（见图 3－4）

图 3－4　绝缘鞋

主要技术指标

型号规格	类型	材质（面料/鞋底）	适用电压等级（kV）	鞋帮高度（mm）	其他技术性能	型式试验报告★/专项检测报告☆	制造厂家
YG－JYX	低帮	皮质/橡胶	6	40～50	无	☆	保定阳光电力设备有限公司
DJX－HD	低帮	牛二层/聚氨酯	6	63	无	★	天津市华电电力器材股份有限公司
AQ－ZP006	低帮	皮质/橡胶	1	113	无	★	双安科技（天津）有限公司
AQ－Z005	低帮	布面/橡胶	1	115	无	★	
AQ－Z015	低帮	布面/橡胶	4.5	115	无	★	
06－12－50500	皮鞋	皮面	6	全码	无	无	上海凡扬电力科技发展有限公司
YS11－09－06	皮鞋	皮面	6	全码	无	无	
CG－6	全橡胶鞋	橡胶	25	全码	无	无	

五、绝缘垫

用　途

作业人员从事电气作业时敷设在地面或接地物体上，用于保护作业人员免遭电击伤害。

适用电压等级

0.4、3、10、20、35kV

执行标准

HG 2949　电绝缘橡胶板

主要技术性能要求

1. 机械性能

（1）绝缘垫应采用优质橡胶材料制成，规格尺寸如下表所示。

<table>
<tr><th colspan="2">厚度（mm）</th><th colspan="2">宽度（mm）</th></tr>
<tr><th>基本尺寸</th><th>极限偏差</th><th>基本尺寸</th><th>极限偏差</th></tr>
<tr><td>4</td><td rowspan="2">+0.6
−0.4</td><td rowspan="5">1000，1200</td><td rowspan="5">±20</td></tr>
<tr><td>6</td></tr>
<tr><td>8</td><td rowspan="3">+1.0
−0.6</td></tr>
<tr><td>10</td></tr>
<tr><td>12</td></tr>
</table>

注　绝缘垫长度由供需双方商定。

（2）绝缘垫的物理特性如下表所示。

项　　目		指标
硬度（邵尔 A）/度		55～70
拉伸强度（MPa）	≥	5.0
扯断伸长率（%）	≥	250
定伸（150%）永久变形（%）	≤	25
热空气老化（70℃×72h）后：拉伸强度降低率/%	≤	30
吸水率（23℃蒸馏水×24h）（%）	≤	1.5

（3）绝缘垫的外观质量如下表所示。

缺陷名称	质量要求
明疤或凹凸不平	深度或高度不得超过胶板厚度的极限偏差，每 $5m^2$ 内面积小于 $100mm^2$ 的明疤不超过两处
气泡	每平方米内，面积小于 $100mm^2$ 的气泡不超过 5 个，任意两个气泡间的距离不小于 40mm
杂质	深度及长度不超过胶板厚度的 1/10
海绵状	不允许有
裂纹	不允许有

2. 电气性能

绝缘垫的电性能应满足下表的要求。

厚度（mm）	试验电压/（有效值）（kV）	最小击穿电压/（有效值）（kV）
4	10	15
6	20	30
8	25	35
10	30	40
12	35	45

注　绝缘垫在使用时，应根据有关规定在试验电压和最大使用电压之间有一定的裕度，以保证人身安全。

参考图片（见图 3－5）

图 3－5 绝缘垫

主要技术指标

型号规格	类型	材质	适用电压等级（kV）	尺寸（长×宽×厚，mm×mm×mm）	其他技术性能	型式试验报告★/专项检测报告☆	制造厂家
YG－JYJD－10	绝缘	橡胶	10、35	1000×710×10	无	☆	保定阳光电力设备有限公司
NN－JJJD－4	绝缘	橡胶	10、35	5000×100×4	适用于各电站、配电房、地面隔层	☆	南宁市鹏庆电力器材有限公司
HD－JYJD－1	绝缘	橡胶	10、35	1000×1000×5	无	无	天津市华电电力器材股份有限公司
XS－JYJD－10	电绝缘橡胶	橡胶	10、35	1000×1000×10	防潮性能好、绝缘性能高	★	西安鑫烁电力科技有限公司
XS－JYJD－8	电绝缘橡胶	橡胶	10、35	900×900×8			
XS－JYJD－5	电绝缘橡胶	橡胶	10、35	850×850×5			
NA－ZS－001	新型	橡胶	20	900×1000	无	无	上海凡扬电力科技发展有限公司
YS241－01－01	树脂	橡胶	20	600×1000	无	无	
YS206－03－01	常规	橡胶	20	750×1000	无	无	

第四章　登高工器具

一、绝缘梯

用 途

用于电力生产施工或高空作业，具有相应电压等级的绝缘性能供作业人员攀登，保证作业安全。

适用电压等级

10～500kV

执行标准

GB 7059　　便携式木梯安全要求

GB/T 17620　带电作业用绝缘硬梯

主要技术性能要求

1. 机械性能

（1）绝缘硬梯的绝缘部件应选用绝缘板材、管材、异型材和泡沫填充管等绝缘材料制作，绝缘硬梯具有平梯、挂梯、直立独杆梯、升降梯和人字梯等类别。

（2）梯子的额定载荷不小于 90kg。

（3）相邻踏板的中心间距应不大于 350mm。

2. 电气性能

额定电压（kV）	试验长度（m）	工频耐压（kV）	工频耐压时间（min）	15 次操作冲击耐压（kV）
10	0.4	100	1	—
35	0.5	150	1	—
66	0.7	175	1	—
110	1.0	250	1	—
220	1.8	450	1	—
330	2.8	420	5	900
500	3.7	640	5	1175

注 1. 220kV 及以下等级的绝缘梯不需进行操作冲击试验。

2. 若无闪络、无击穿、无明显发热则为合格。

参考图片（见图 4－1）

图 4－1　绝缘梯

主要技术指标

型号规格	类型	材质	适用电压等级（kV）	收缩/伸展长度（m）	其他技术性能	型式试验报告★/专项检测报告☆	制造厂家
YG－JYT－10	直梯	环氧树脂	10	2	无	☆	保定阳光电力设备有限公司
YG－JYT－35	直梯	环氧树脂	35	2.5	无	☆	
YG－JYT－110	直梯	环氧树脂	110	3.1	无	☆	

续表

型号规格	类型	材质	适用电压等级（kV）	收缩/伸展长度（m）	其他技术性能	型式试验报告★/专项检测报告☆	制造厂家
PQ－J	直梯	环氧树脂、玻璃钢	110	3	材质密度高、轻便	☆	南宁市鹏庆电力器材有限公司
PQ－A	人字梯	环氧树脂、玻璃钢	110	3/4		☆	
PQ－B	关节梯	环氧树脂、玻璃钢	110	3/4		☆	
JYT－HD－10	人字梯	环氧树脂	10	4	无	☆	天津市华电电力器材股份有限公司
JYT－HD－35	人字梯	环氧树脂	35	4	无	☆	
JYT－HD－110	人字梯	环氧树脂	110	4	无	☆	
JYT－HD－220	人字梯	环氧树脂	220	4	无	☆	
XDL－JYT－110	伸缩梯	玻璃钢	110	3.3/5	绝缘梯采用玻璃钢为原料，表面为针叶状的美国威克斯连续粘（国产为片状，进口为针叶状），采用环氧树脂结合销棒技术，梯撑、梯脚防滑设计不易疲劳，绝缘性能强，耐腐蚀，重量轻	无	河北信得利电器设备有限公司
XDL－JYTZ－110	直梯	玻璃钢	110	3		☆	
XDL－JYTR－35	人字梯	玻璃钢	35	3		☆	
JPT－2000	直梯	环氧树脂	220	6	无	☆	常州新兰陵电力辅助设备有限公司
JHT－2000	人字梯	环氧树脂	220	6	无		
JST－2000×2	升降梯	环氧树脂	220	5/9	无		
JJTD－1500/10	阶梯凳	环氧树脂	10	2.5	无	无	
JJTD－1500/35	阶梯凳	环氧树脂	35		无	无	
JJTD－1500/110	阶梯凳	环氧树脂	110		无	无	
JJTD－1500/220	阶梯凳	环氧树脂	220		无	无	
JDT－1500/10	凳梯	环氧树脂	10	2.5	无	无	
JDT－1500/35	凳梯	环氧树脂	35		无	无	
JDT－1500/110	凳梯	环氧树脂	110		无	无	
JDT－1500/220	凳梯	环氧树脂	220		无	无	

续表

型号规格	类型	材质	适用电压等级（kV）	收缩/伸展长度（m）	其他技术性能	型式试验报告★/专项检测报告☆	制造厂家
JDST－3000×2/10	人字梯	环氧树脂	10	3/5	单面升降	无	常州新兰陵电力辅助设备有限公司
JDST－3000×2/35	人字梯	环氧树脂	35			无	
JDST－3000×2/110	人字梯	环氧树脂	110			无	
JDST－3000×2/220	人字梯	环氧树脂	220			无	
JHST－5000×2/10	合页梯	环氧树脂	10	5/9	升降功能	无	
JHST－5000×2/35	合页梯	环氧树脂	35			无	
JHST－5000×2/110	合页梯	环氧树脂	110			无	
JHST－5000×2/220	合页梯	环氧树脂	220			无	
JGT－1500×4/10	关节梯	环氧树脂	10	1.5/6	无	无	
JGT－1500×4/35	关节梯	环氧树脂	35		无	无	
JGT－1500×4/110	关节梯	环氧树脂	110		无	无	
JGT－1500×4/220	关节梯	环氧树脂	220		无	无	
JTT－220	套管爬梯	环氧树脂	220	2.4	无	无	
DT－（28＋51）×4×3000×2	直梯	玻璃钢	220	3/4	无	☆	台州市大通电力机具有限公司
LF－JYT	人字梯	玻璃钢	35	3	无	☆	淄博龙飞电力器材有限公司
XS－JYT－10	单梯/人字梯/伸缩梯	环氧树脂	10/35/110/220/500	根据需求定做	绝缘、耐腐蚀、高强，轻质、低吸水率、阻燃性好	★	西安鑫烁电力科技有限公司
XS－JYT－35	单梯/人字梯/伸缩梯	环氧树脂	10/35/110/220/500				
XS－JYT－110	单梯/人字梯/伸缩梯	环氧树脂	10/35/110/220/500				
XS－JYT－220	单梯/人字梯/伸缩梯	环氧树脂	10/35/110/220/500				
XS－JYT－500	单梯/人字梯/伸缩梯	环氧树脂	10/35/110/220/500				
Werner	直梯/人字梯/延伸梯	环氧树脂	10/35/110/220/500				

续表

型号规格	类型	材质	适用电压等级（kV）	收缩/伸展长度（m）	其他技术性能	型式试验报告★/专项检测报告☆	制造厂家
DT－25	直梯	绝缘环氧树脂	10	2.5	无	★	上海凡扬电力科技发展有限公司
DT－30	直梯	绝缘环氧树脂	10	3	无	★	
DT－35	直梯	绝缘环氧树脂	10	3.5	无	★	
DT－40	直梯	绝缘环氧树脂	10	4	无	★	
DT－45	直梯	绝缘环氧树脂	10	4.5	无	★	
DT－50	直梯	绝缘环氧树脂	10	5	无	★	
SAT－40	人字梯	绝缘环氧树脂	10	2.8～4	无	★	
SAT－50	人字梯	绝缘环氧树脂	10	3.3～5	无	★	
SAT－60	人字梯	绝缘环氧树脂	10	3.9～6	无	★	
ZT－5.5	关节梯	绝缘环氧树脂	10	2.5～5.5	无	★	

二、脚扣

用　途

穿戴于作业者脚部，用于电力、通信及广播电视等行业从事环形混凝土电杆攀登作业。

适用电压等级

通用

执行标准

DL/T 1642　环形混凝土电杆用脚扣

AQ 6109　坠落防护　登杆脚扣

主要技术性能要求

（1）脚扣金属件表面应光洁，无裂纹、麻点等明显缺陷，并经耐腐蚀处理，处理层均匀、牢固，无起皮、脱落现象。

（2）脚扣所有焊接部位表面应平整、光洁，无气孔、夹渣和伤痕。

（3）防滑块与金属件的连接应紧密、牢固，不应有松动现象。钩体部位防滑块厚度不小于 8mm，顶扣部位防滑块厚度不小于 16mm。

（4）踏板表面应进行防滑处理，踏板与扣带连接处应圆滑、无棱角，踏板长度不小于 130mm，宽度不小于 110mm，厚度不小于 2mm。

（5）扣带必须是一整根，不得缝接，扣带端部应燎烫处理，不应留有散丝。扣带宽度不小于 20mm，厚度不小于 2mm。

（6）防滑块耐磨性能：按 AQ 6109 中规定对防滑块进行测试，相对体积磨耗量不应大于 150mm。

（7）扣带强力：按 AQ 6109 中规定对扣带进行测试，扣带强力不小于 0.6kN，不应出现织带撕裂、金属件明显变形、扣合处明显松脱等现象。

（8）金属件耐腐蚀性能：按 AQ 6109 中规定对所有金属件进行测试，表面应无红锈或其他明显可见的腐蚀痕迹，但允许有白斑。

（9）整体静态测试应符合下表要求。

项目名称	测试压力（kN）	保持时间（min）	技术要求
负荷测试	1.65	5	测试后脚扣永久变形率$\Delta a \leqslant 2$、$\Delta b \leqslant 2$、$\Delta c \leqslant 2$；脚扣应无明显变形，可调式脚扣钩体在扣体内应滑动灵活、无卡阻现象
超负荷测试	2.25	5	测试后脚扣永久变形率$\Delta a \leqslant 8$、$\Delta b \leqslant 8$、$\Delta c \leqslant 8$；脚扣应无明显变形，可调式脚扣钩体在扣体内应滑动灵活、无卡阻现象

续表

项目名称	测试压力（kN）	保持时间（min）	技 术 要 求
预防性测试	1.18	5	测试后脚扣应无明显变形，可调式脚扣钩体在扣体内应滑动灵活、无卡阻现象

注 预防性测试是指使用者每年应对脚扣进行一次整体静态负荷预防性测试。

参考图片（见图4－2）

图4－2 脚扣

主要技术指标

型号规格	类型	材质	额定载荷（kg）	适用杆径范围（mm）	其他技术性能	型式试验报告★/专项检测报告☆	制造厂家
JK－T－300	固定式	碳化钢	165	250～400	无	☆	保定阳光电力设备有限公司

续表

型号规格	类型	材质	额定载荷（kg）	适用杆径范围（mm）	其他技术性能	型式试验报告★/专项检测报告☆	制造厂家
JK－T－400	调节式	16号锰钢	120	120～150	滑动灵活、无卡阻现象、防滑性能好、安全性强	☆	南宁市鹏庆电力器材有限公司
JK－T－500	调节式	16号锰钢	120	120～180		☆	
JK－G－345	固定式	20铬	100	200～400	防滑型	☆	天津市华电电力器材股份有限公司
JK－T－300	调节式	16号锰钢	120	120～300	无	☆	无锡安全用电设备厂有限公司
JK－T－400	调节式	16号锰钢	120	190～400	无	☆	
JK－T－500	调节式	16号锰钢	120	250～500	无	☆	
JK－T－400	调节式	Q345B	150	300～400	2250N/5min	☆	河北信得利电器设备有限公司
XS－JK－350	调节式	无缝钢管	120	12000/15000	踏盘厚度mm≥8	★	西安鑫烁电力科技有限公司
XS－JK－400	调节式	无缝钢管	120	12000/15000			
XS－JK－450	调节式	无缝钢管	120	15000/18000			
XS－JK－500	调节式	无缝钢管	120	18000/21000			
JKG－400	固定式	铁	180	400	无	★	上海凡扬电力科技发展有限公司
JKGD－400	调节式	铁	180	400	无	★	
JK－FH	调节式	铁	180	200～400	适用于恶劣天气	★	

三、升降板

用　途

用于电力、通信及广播电视等行业从事电杆攀登作业。

适用电压等级

通用

执行标准

DL/T 1476　电力安全工器具预防性试验规程

主要技术性能要求

（1）踏板窄面上不应有节子，踏板宽面上节子的直径不应大于 6mm，干燥细裂纹长不应大于 150mm，深不应大于 10mm。

（2）安全绳应采用ϕ18 白棕绳或ϕ16 合成纤维绳。

（3）金属挂钩破断荷载≥10kN，使用时开口朝上。

（4）静负荷试验：施加 2205N 静压力，持续时间 5min。

参考图片（见图 4－3）

图 4－3　升降板

主要技术指标

型号规格	类型	材质	额定载荷（kg）	其他技术性能	型式试验报告★/专项检测报告☆	制造厂家
YG-SJG-1.9	调节式	白棕绳/木板	150	2205N/5min	☆	保定阳光电力设备有限公司
XDL-DGB	调节式	白棕绳	150	2205N/5min	☆	河北信得利电器设备有限公司
XS-SJB	固定式	白棕绳	150	踏板、系绳及金属挂钩能承受 2205N 力值	★	西安鑫烁电力科技有限公司

四、绝缘检修平台

用　途

用于电气设备检修时临时架设，供一人或数人登高、站立，为作业人员提供牢固、适当的作业位置，分为固定式和升降式检修平台。

适用电压等级

通用

执行标准

GB 25849　移动式升降工作平台　设计计算、安全要求和测试方法

DL/T 1209.3　变电站登高作业及防护器材技术要求　第 3 部分：升降型检修平台

主要技术性能要求

1. 机械性能

（1）绝缘检修平台应按照 DL/T 1209.3 中的规定制作并满足其各项要求。

（2）绝缘检修平台的复合材料构件表面应光滑，绝缘部分应无气泡、皱纹、裂纹、绝缘层脱落、明显的机械或电灼伤痕，纤维布（毡、丝）与树脂间黏结完好，不得开胶。检修平台的金属材料零件表面应光滑、平整，棱边应倒圆弧、不应有尖锐棱角，应进行防腐处理。

（3）起升降作用的牵引绳索宜采用非导电材料，且无灼伤、脆裂、断股、霉变和扭结。

（4）绝缘检修平台供操作人员站立、攀登，所有作业面应具有防滑功能。

（5）绝缘检修平台的顶层作业平台上部应设置防护栏，栏杆高度为 1050～1200mm；作业面应设置挡脚板，挡脚板高度为（180±5）mm，作业面上方不低于 1m 的位置应设置安全带或防坠器的悬挂装置。

（6）升降锁止装置应开启灵活、定位准确、锁止牢固且不损伤横档。

（7）绝缘检修平台应装有机械式强制限位器，保证升降框架与主框架之间有足够的安全搭接量，最小搭接量应不小于 900mm，且不应仅靠滑轮定位来限制搭接量。检修平台基础底部的轮脚均应具有刹车功能，外支撑应能灵活开闭并牢固定位。

（8）绝缘检修平台整体应具有足够的机械强度、电气强度、稳定性能和良好的抗老化性能，应能承受使用中可能出现的机械负荷，并能承受设计的工作电压、工作温度及环境条件等的各种考验，其结构应能承受频繁组装和搬运而不发生性能劣化。

（9）绝缘检修平台单人额定工作载荷不应小于 100kg，制造厂家应注明整体承受最大额定工作载荷。

2. 电气性能

220kV 及以下电压等级脚手架应能通过 1min 交流耐受电压试验，以无闪络、击穿及明显发热为合格；330kV 及以上电压等级的脚手架应能通过 5min 交流耐受电压试验，以无闪络、击穿及明显发热为合格。也可分段进行试验，分段试验电压应为整体试验电压除以分段数（≤4）再乘以 1.2 倍的系数。

参考图片（见图 4－4）

图 4－4　绝缘检修平台

主要技术指标

型号规格	类型	材质	额定载荷（kg）	最大作业高度（m）	其他技术性能	型式试验报告★/专项检测报告☆	制造厂家
HD－JYPT（S）－10	固定式	环氧树脂	100	4	无	无	天津市华电电力器材股份有限公司
XS－JYPT	组装式	环氧树脂	100	10	结构采用积木式组合设计，重量轻，易于安装	★	西安鑫烁电力科技有限公司
FY－JYPT03	组装式	环氧树脂	120	1	无	★	上海凡扬电力科技发展有限公司

五、刚性导轨自锁器

用 途

附着在刚性导轨上，可随使用者的移动沿导轨滑动，因坠落动作引发制动。高处作业人员上下攀登杆塔和作业时使用，用于防止作业人员发生高处坠落事故。

适用电压等级

通用

执行标准

GB 24542 坠落防护 带刚性导轨的自锁器

主要技术性能要求

（1）导轨自锁器应按照 GB 24542 中的规定制作并满足其各项要求。各部件的设计及其所处位置和防护措施应能避免由于使用者的误操作而引起的保护功能失效。各部件应表面光滑，无材料和制造缺陷，无毛刺和锋利边缘，避免其割破、磨损绳索，或对使用者造成伤害。导轨自锁器在允许作业的冰雪环境下能够正常使用。

（2）整体静态负荷性能：自锁器固定在导轨上，在连接绳末端沿垂直方向以不大于 150mm/min 的速率施加 15kN 并保持 3min，不应出现织带撕裂、开线、金属件碎裂、连接器开启、绳断、缓冲器断（允许打开）、导轨、转向器严重变形等现象，卸载后，自锁器应能正常解锁，顺畅滑动，并能正常锁止。

（3）整体动态负荷性能：做 100kg 模拟人冲击试验后，应满足：

1）不应出现织带撕裂、开线、金属件碎裂、连接器开启，绳断、模拟人滑脱、缓冲器断（允许打开）、导轨、转向器严重变形等现象，卸载后，自锁器应能正常解锁，顺畅滑动，并能正常锁止。

2）模拟人所受最大冲击力不应超过 6kN。

3）自锁器下滑距离不应超过 0.2m。

4）模拟人坠落距离不应超过 1.2m。

（4）导轨静态负荷性能：在固定好的导轨上沿垂直方向以不大于 30mm/min 的速率施加力至 15kN 并保持 3min，导轨与固定结构之间的连接件不应出现滑移、松脱、金属件撕裂以及导轨严重变形等现象，卸载后，自锁器应能在导轨上正常工作。

（5）耐腐蚀性能：按照 GB 24542 中规定的方法测试，金属部件不应出现肉眼可见的红锈等明显腐蚀，允许出现白斑。

（6）可靠性：按照 GB 24542 中规定的方法测试，自锁器均应正常锁止。

（7）特殊环境下的锁止性能：按照 GB 24542 中规定的方法测试，自锁器均应正常锁止。解锁后可在导轨上顺畅滑动，正常工作。

参考图片（见图 4－5）

图 4－5　刚性导轨自锁器

主要技术指标

型号规格	类型	材质	额定载荷（kg）	适用场所	其他技术性能	型式试验报告★ / 专项检测报告☆	制造厂家
THFZQ-36	普通	钢	100	登高作业	无	☆	宁波天弘电力器具有限公司
HD-XPS-1	防护	特种钢	100	登高作业	无	无	天津市华电电力器材股份有限公司
HD-XPS-2	防护	特种钢	100	登高作业	无	无	
HD-XPS-3	防护	特种钢	100	登高作业	无	无	

六、柔性导轨自锁器

用　途

附着在柔性导轨上，可随使用者的活动沿导轨滑动，因坠落动作引发制动。高处作业人员上下攀登杆塔和作业时使用，用于防止作业人员发生高处坠落事故。

执行标准

GB/T 24537　坠落防护　带柔性导轨的自锁器

主要技术性能要求

（1）导轨自锁器应按照 GB/T 24537 中的规定制作并满足其各项要求。各部件的设计及其所处位置和防护措施应能避免由于使用者的误操作而引起的保护功能失效。各部件应表面光滑，无材料和制造缺陷，无毛刺和锋利边缘，避免其割破、磨损导轨。导轨自锁器在允许作业的冰雪环境下能够正常使用。

（2）导轨自锁器与钢丝绳等制成的柔性导轨连接的连接绳长度不应超过0.3m，与织带、纤维绳制成的柔性导轨连接的连接绳长度不应超过1m。

（3）整体静态负荷性能：导轨自锁器固定在导轨上，在连接绳末端沿垂直方向以不大于150mm/min的速率施加15kN并保持3min，不应出现织带撕裂、开线、金属件碎裂、连接器开启、绳断、缓冲器断（允许打开）、导轨严重变形等现象，卸载后，自锁器应能正常解锁，顺畅滑动，并能正常锁止。

（4）整体动态负荷性能：做100kg模拟人冲击试验后，应满足：

1）不应出现织带撕裂、开线、金属件碎裂、连接器开启，绳断、模拟人滑脱、缓冲器断（允许打开）、导轨严重变形等现象，卸载后，自锁器应能正常解锁，顺畅滑动，并能正常锁止。

2）模拟人所受最大冲击力不应超过6kN。

3）导轨为钢丝绳时，自锁器下滑距离不应超过0.2m，导轨为纤维绳或织带时，自锁器下滑距离不应超过1m。

4）导轨为钢丝绳时，模拟人坠落距离不应超过1.2m，导轨为纤维绳或织带时，模拟人坠落距离不应超过2m。

（5）导轨静态负荷性能：导轨材质为钢丝绳时，在固定好的导轨上沿垂直方向以不大于30mm/min的速率施加保持3min；导轨材质为纤维绳或织带时，在固定好的导轨上沿垂直方向以不大于150mm/min的速率施加力并保持3min，导轨与固定结构之间的连接件不应出现滑移、松脱、金属件撕裂以及导轨严重变形等现象，卸载后，自锁器应能在导轨上正常工作。导轨静态负荷测试力见下表。

导轨材质	测试力（kN）
纤维绳	22
织带	22
钢丝绳	15

（6）耐腐蚀性能：按照GB/T 24537中规定的方法测试，金属部件不应出现肉眼可见的红锈等明显腐蚀痕迹，允许出现白斑。

（7）可靠性：按照GB/T 24537中规定的方法测试，导轨自锁器均应正常锁止。

（8）特殊环境下的锁止性能：按照 GB/T 24537 中规定的方法测试，导轨自锁器均应正常锁止。解锁后可在导轨上顺畅滑动，正常工作。

参考图片（见图 4－6）

图 4－6　柔性导轨自锁器

主要技术指标

型号规格	类型	材质	额定载荷（kg）	适用场所	其他技术性能	型式试验报告★/专项检测报告☆	制造厂家
FPS	绳索型	涤纶	100	可广泛应用于电力、建筑、石油、通信等高处作业场所，尤其适合供电系统使用	无	☆	左易电力设备有限公司
XS－ZSQ	绳索型	涤纶	100	电力、建筑、石油、通信等高处作业场所，尤其适合供电系统使用	满足自锁平衡及动力性能	★	西安鑫烁电力科技有限公司

七、速差式防坠器

用　途

用于电力工程建设施工、运行及检修等高处作业场所，事先将速差式防坠器安装在作业点高处挂点上、将其可收缩长度的绳（带、钢丝绳）固定在作业人员的安全带系带上，在坠落发生时靠坠落加速度变化启动速差式防坠器制动，以防止发生高处坠落人身伤害事故。

适用电压等级

通用

执行标准

GB 24543　坠落防护　安全绳
GB 24544　坠落防护　速差自控器
DL/T 1147　电力高处作业防坠器

主要技术性能要求

（1）速差式防坠器应按照 GB 24544 中的规定制作并满足其各项要求；速差式防坠器的安全绳应按照 GB 24543 中的规定制作并满足其各项要求。

（2）速差式防坠器的外观应平滑，无材料和制造缺陷，无毛刺和锋利边缘；应带有可防止在下落过程中安全绳被过快抽出的自动锁死装置；应有安全绳回收装置，确保安全绳独立和自动回收。

（3）当钢丝绳作为速差式防坠器安全绳使用时直径不应小于 5mm。

（4）速差式防坠器内部的缓冲装置不应影响正常锁止功能，不应对安全绳产生不正常的磨损。

（5）静态性能：在规定测试力下保持 5min，应无任何元件破裂和断裂，连接器不允许打开，不应出现运动机构卡死等使速差式防坠器失效的情况。静态性能测试力满足下表要求。

速差式防坠器种类	测试力（kN）
织带速差器	15

续表

速差式防坠器种类	测试力（kN）
纤维绳索速差器	15
钢丝绳速差器	12

注　缓冲器允许展开。

（6）动态性能。

1）做 100kg 模拟人冲击试验后，速差式防坠器应能自锁且冲击作用力不大于 6.0kN，坠落距离不大于 2.0m，应无任何元件破裂和断裂，连接器不允许打开，不应出现运动机构卡死等使其失效的情况。

2）如果速差式防坠器带有坠落指示器，指示器应能正常工作。

（7）收缩性能：按照 GB 24544 中规定的方法测试，速差式防坠器经 25 次操作，每次应能自如收回全部安全绳。

（8）耐腐蚀性能：按照 GB 24544 中规定的方法测试，金属部件不应出现肉眼可见的红锈等明显腐蚀痕迹，内部机件，特别是自动锁止装置不能有影响速差式防坠器性能的腐蚀现象，允许出现白斑。

（9）自锁可靠性：按照 GB 24544 中规定的方法测试，速差式防坠器经 1000 次操作，均能正常自锁，无部件损坏、失效等情况。

参考图片（见图 4－7）

图 4－7　速差式防坠器（一）

图 4－7　速差式防坠器（二）

主要技术指标

型号规格	类型	绳索材质	额定载荷（kg）	最大延伸长度（m）	其他技术性能	型式试验报告★/专项检测报告☆	制造厂家
Z－J－5	织带	涤纶	100	6	通过 CE 认证	★	左易电力设备有限公司
G－J－20	钢丝绳	航空钢	100	30		★	
TS－5	钢丝绳	特种钢	100	5	无	☆	南宁市鹏庆电力器材有限公司
HD－TXS$_2$－3	钢丝绳	特种钢	100	3	3 套独立锁止机构内置缓冲装置	无	天津市华电电力器材股份有限公司
HD－TXS$_2$－5	钢丝绳	特种钢	100	5		无	
HD－TXS$_2$－7	钢丝绳	特种钢	100	7		无	
HD－TXS$_2$－10	钢丝绳	特种钢	100	10		无	
HD－TXS$_2$－15	钢丝绳	特种钢	100	15		无	
HD－TXS$_2$－20	钢丝绳	特种钢	100	20		无	
HD－TXS$_2$－30	钢丝绳	特种钢	100	30		无	
HD－TXS$_2$－40	钢丝绳	特种钢	100	40		无	
XS－FZQ－001	织带	涤纶	150	10	采用双锁止装置结构，锁止稳定，耐腐蚀耐磨、抗冲击	★	西安鑫烁电力科技有限公司
XS－FZQ－002	钢丝绳	钢丝绳	150	30			
tiger	织带	涤纶	150	6			
tiger	钢丝绳	钢丝绳	150	30			
JRG－10NS	普通型	不锈钢	120	10～30	无	无	上海凡扬电力科技发展有限公司
BB－15B	防护型	编织带	120	15	无	无	

八、快装绝缘脚手架

用 途

用于变电站施工、运行及检修时临时架设，为登高作业人员提供牢固、适当作业位置。

适用电压等级

通用

执行标准

DL/T 1209.4 变电站登高作业及防护器材技术要求 第 4 部分：复合材料快装脚手架

主要技术性能要求

1. 机械性能

（1）快装脚手架应按照 DL/T 1209.4 中的规定制作并满足其各项要求。

（2）快装脚手架的复合材料构件表面应光滑，绝缘部分应无气泡、皱纹、裂纹、绝缘层脱落、明显的机械或电灼伤痕，纤维布（毡、丝）与树脂间黏结完好，不得开胶。快装脚手架的金属材料零件表面应光滑、平整，棱边应倒圆弧、不应有尖锐棱角，应进行防腐处理。

（3）供操作人员站立、攀登的所有作业面应具有防滑功能。

（4）外支撑杆应能调节长度，并有锁止，支撑脚底部应有防滑功能。

（5）底脚应能调节高低且能有效锁止，轮脚均应具有刹车功能，刹车后，轮脚中心应与立杆同轴。

（6）快装脚手架的顶层作业平台上部应设置防护栏，栏杆高度为 1050～1200mm；防护栏上应至少设置一个安全带或防坠器的悬挂装置。

（7）脚手架整体应具有足够的机械强度、电气强度、稳定性能和良好的抗老化性能，应能承受使用中可能出现的机械负荷，并能承受设计的工作电压、工作温度及环境条件等的各种考验，其结构应能承受频繁组装和搬运而不发生性能劣化。

（8）脚手架单层额定工作载荷不应小于 200kg，制造厂家应注明整体承受最大额定工作载荷。

2. 电气性能

220kV 及以下电压等级脚手架应能通过 1min 交流耐受电压试验，以无闪络、击穿及明显发热为合格；330kV 及以上电压等级的脚手架应能通过 5min 交流耐受电压试验，以无闪络、击穿及明显发热为合格。也可分段进行试验，分段试验电压应为整体试验电压除以分段数（≤4）再乘以 1.2 倍的系数。

参考图片（见图 4－8）

图 4－8　快装绝缘脚手架

主要技术指标

型号规格	产地	材质	尺寸(长×宽×高，m×m×m)	额定载荷（kg）	其他技术性能	型式试验报告★/专项检测报告☆	制造厂家
HD-JSJ（K）	中国	环氧树脂	2×0.85×6	200	无	无	天津市华电电力器材股份有限公司
EC05R/N	意大利	环氧树脂	2×0.85×10.2	225	工作高度4～12m	无	常州新兰陵电力辅助设备有限公司
EC05R/D	意大利	环氧树脂	2×1.45×12.2	225	工作高度4～14m	无	
2096/R	意大利	环氧树脂	1.82×0.73×8.21	225	工作高度3.8～10m	☆	
5046/R	意大利	环氧树脂	1.82×1.37×12.35	225	工作高度3.8～14m	无	
XS-JSJ-001	中国	环氧树脂	2×0.85，不高于10	700	结构采用积木式组合设计，重量轻，易于安装	★	西安鑫烁电力科技有限公司
XS-JSJ-002	中国	环氧树脂	2×1.5，不高于14	700			
AF-S	缓冲型	绝缘蚕丝	2.8	16	无	★	上海凡扬电力科技发展有限公司

第五章　警示标识

一、固定式安全围栏

用 途

用于电气设备检修、试验场所，与非作业区域进行隔离，防止外人进入，规范现场作业人员活动范围等，确保作业安全。

适用电压等级

通用

执行标准

DL 5162 水电水利工程施工安全防护设施技术规范
Q/GDW 434 国家电网公司安全设施标准

主要技术性能要求

安全围栏应采用满足安全、防护要求的材料制作。有绝缘要求的安全围栏应采用干燥木材、橡胶或其他坚韧绝缘材料制成。安全围栏高度应为 1050～1200mm，防坠落遮栏应在下部装设不低于 180mm 高的挡脚板。安全围栏强度和间隙应满足防护要求，装设应牢固可靠。

参考图片（见图 5-1）

图 5-1　固定式安全围栏

主要技术指标

型号规格	材质	外形尺寸（长×宽×高，m×m×m）	表面处理	其他技术性能	型式试验报告★/专项检测报告☆	制造厂家
PQ-BXG-25	不锈钢	3×0.05×1	反光膜	防雨防晒	☆	南宁市鹏庆电力器材有限公司
PQ-BLG-25	玻璃钢	2.5×0.05×1.5	反光膜	防雨防晒	☆	
HA-W-01	玻璃钢	1.5×0.05×1.2	反光膜	无	☆	陕西华安电力科技有限公司
HD-GDWL（J）	环氧树脂	定制	喷漆	用于室内电抗器室等	无	天津市华电电力器材股份有限公司
HD-GDWL（T）	普通钢	定制	喷漆	室外临时布置	无	
YG-GDS	玻璃钢	1.2×0.15×1.5	反光膜	无	无	保定阳光电力设备有限公司
XS-WL-GD	不锈钢	3×0.05×1	防腐防老化处理	隔离、警示、安全防护	★	西安鑫烁电力科技有限公司
XS-WL-GD	环氧树脂	2.5×0.05×1.5	防腐防老化处理	绝缘、稳定、隔离、警示、安全防护		
MWH-P15	护栏式	PVC	1.2×0.05×0.9	无	无	上海凡扬电力科技发展有限公司

二、伸缩式安全围栏

用　途

用于电气设备检修、试验场所，与非作业区域进行隔离，防止外人进入，规范现场作业人员活动范围等，确保作业安全。

适用电压等级

通用

执行标准

Q/GDW 434　　国家电网公司安全设施标准

Q/GDW-11-144　　变电站安全围栏管理标准

主要技术性能要求

安全围栏应采用满足安全、防护要求的材料制作。有绝缘要求的安全围栏应采用干燥木材、橡胶或其他坚韧绝缘材料制成。安全围栏高度应为 1050～1200mm，防坠落遮栏应在下部装设不低于 180mm 高的挡脚板。安全围栏应伸缩自如，强度和间隙应满足防护要求，装设应牢固可靠。

参考图片（见图 5－2）

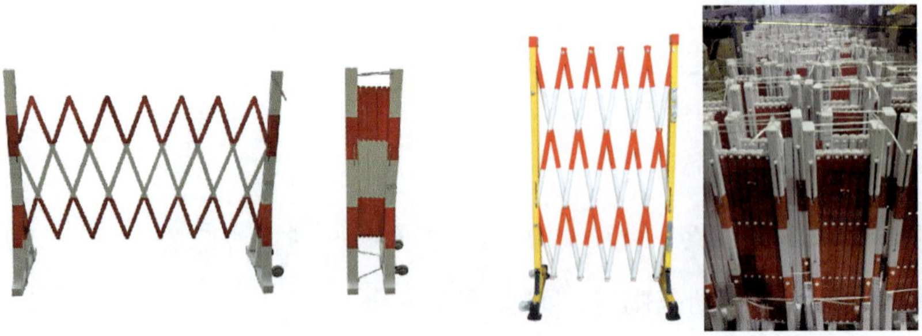

图 5－2　伸缩式安全围栏

主要技术指标

型号规格	材质	伸展尺寸（长×宽×高，m×m×m）	收缩尺寸（长×宽×高，m×m×m）	其他技术性能	型式试验报告★/专项检测报告☆	制造厂家
HD－WL（S）－5	不锈钢	5×0.5×1	0.5×0.5×1	无	☆	天津市华电电力器材股份有限公司
HD－WL（S）－2	普通钢	2×0.8×1.5	0.8×0.5×1.5	无	无	
PQ－26	玻璃钢	2.5×0.5×1.2	0.5×0.5×1	防雨	☆	南宁市鹏庆电力器材有限公司
HA－W－02	玻璃钢	2.5×0.5×1.2	0.6×0.5×0.03	无	☆	陕西华安电力科技有限公司
XDL－WL	玻璃钢	2.5×0.5×1.2	0.5×0.2×1.2	围栏由环氧树脂材料制成，并加以涂色，中间栅红白相间，边框为黄色	☆	河北信得利电器设备有限公司
YG－SSS	玻璃钢	2.5×0.25×1.2	0.8×0.25×1.2	无	☆	保定阳光电力设备有限公司
XS－WL－SS	环氧树脂	2.5×0.05×1.2	0.5×0.5×1	绝缘性能良好，底部装有万向轮，便于移动。隔离、警示、安全防护	★	西安鑫烁电力科技有限公司
PC－R111	绝缘伸缩式	PVC	2.5×0.5×1.2	无	★	上海凡扬电力科技发展有限公司

三、安全围网

用　　途

用于电气设备检修、试验场所，与非作业区域进行隔离，防止外人进入，规范现场作业人员活动范围等，确保作业安全。

适用电压等级

通用

执行标准

Q/GDW 434　　国家电网公司安全设施标准

主要技术性能要求

安全围网应采用满足安全、防护要求的绝缘材料（如锦纶、维纶、涤纶或其他材料）制作。安全围网高度应为1050～1200mm。安全围网的强度和间隙应满足防护要求，装设应牢固可靠。

参考图片（见图5－3）

图5－3　安全围网（一）

图 5-3　安全围网（二）

主要技术指标

型号规格	类型	材质	伸展尺寸（长×宽，m×m）	收缩尺寸（长×宽，m×m）	其他技术性能	型式试验报告★/专项检测报告☆	制造厂家
YG-AQWW	网状式	尼龙	10×1	0.5×0.5	无	☆	保定阳光电力设备有限公司
PQ-28-10	网状式	锦纶	10×1	0.3×0.25	无	☆	南宁市鹏庆电力器材有限公司
PQ-28-20	网状式	锦纶	20×1	0.5×0.3	无		
HD-AQWW-10	伸缩式	尼龙	10×1	0.3×0.2	无	无	天津市华电电力器材股份有限公司
XDL-WW	网状式	锦纶	10×1	0.3×0.2	网绳直径 2mm 网目尺寸 130mm×130mm	☆	河北信得利电器设备有限公司
XS-WL-WW	网状	涤纶/尼龙	1×10	0.25×0.3	隔离、警示、安全防护	★	西安鑫烁电力科技有限公司
W-10	安全围栏网	尼龙、铁杆	10×0.5	0.6×0.5	无	★	上海凡扬电力科技发展有限公司

四、安全警示带

用 途

用于电力检修等场所，圈定事故现场或警示规范特殊区域，提醒现场人员注意安全。

适用电压等级

通用

执行标准

GB 2893 安全色
Q/GDW 434 国家电网公司安全设施标准

主要技术性能要求

（1）基本要求：警示带宽度为5cm，印有“止步，高压危险”等字样，字样间隔1m，带长规格根据实际使用设为20m/盘、30m/盘、50m/盘。

（2）材质要求：警示带应色泽鲜艳醒目，不褪色，符合国际通用规范；以优质 PE、PP、OPP 为主要原料，经双层覆膜防腐处理加工而成，具有耐酸碱雨、黏性强、耐候性好，耐老化时间长（地下 30 年以上），防腐性能好。

参考图片（见图 5－4）

图 5－4　安全警示带

主要技术指标

型号规格	类型	材质	长度（m）	颜色	其他技术性能	型式试验报告★/专项检测报告☆	制造厂家
PQ－30	盒式	涤纶	30	红黄、红白相间	无	☆	南宁市鹏庆电力器材有限公司
HA－W－15	盒式	涤纶	50	红、黄	无	☆	陕西华安电力科技有限公司
HD－JSD－C30	盒式	尼龙	30	红、黄	磁铁吸附	☆	天津市华电电力器材股份有限公司
HD－JSD－C5	盒式	尼龙	5	红	磁铁吸附	无	
HD－JSD	盒式	尼龙	50	红、黄	无	☆	
XDL－JSD	盒式	涤纶	30	红、绿	丝带宽带 50mm	无	河北信得利电器设备有限公司
XDL－JSD	盒式	涤纶	50	红、绿		☆	
XDL－JSD	盒式	涤纶	100	红、绿		无	
YG－JSD－50	盒式	锦纶	50	红、黄	无	☆	保定阳光电力设备有限公司
XS－JSD－SS	伸缩式	锦纶/涤纶	50、30、20	红黄、红白相间	隔离、警示、安全防护	★	西安鑫烁电力科技有限公司
XS－JSD－YG	荧光式	锦纶/涤纶	30、50、100、150	红、黄	隔离、警示、安全防护		
XS－JSD－CX	磁吸式	锦纶/涤纶	3.5	红、绿	磁吸式卷轴设计，轻巧便捷、警示、安全、便于检修作业		
BG－045	盘式	尼龙	50	红、白	无	★	上海凡扬电力科技发展有限公司
JSD－100	伸缩式	尼龙	100	红、白	无	★	

五、线路安全标志牌

用　途

安装在电力线路、电缆隧道及相关附属物与安全有关的醒目位置上，起安全警示作用，避免或减少安全事故的发生。

适用电压等级

通用

执行标准

GB 2893	安全色
GB 2894	安全标志及其使用导则
GB/T 29481	电气安全标志
Q/GDW 434	国家电网公司安全设施标准

主要技术性能要求

（1）安全标志包括禁止标志、警告标志、指令标志、提示标志四种基本类型和消防安全标志、道路交通标志等特定类型。

（2）安全标志一般使用相应的通用图形标志和文字辅助标志的组合标志。

（3）安全标志一般采用标志牌的形式，宜使用衬边，以使安全标志与周围环境之间形成较为强烈的对比。

（4）安全标志所用的颜色、图形符号、几何形状、文字，标志牌的材质、表面质量、衬边及型号选用、设置高度、使用要求应符合 GB 2894 的规定。

（5）安装要求：标志牌的固定方式分附着式、悬挂式和柱式三种。悬挂式和附着式的固定应稳固不倾斜，柱式的标志牌和支架应牢固地连接在一起。

参考图片（见图 5－5）

图 5－5　线路安全标志牌

主要技术指标

型号规格	类型	材质	外形尺寸（长×宽×厚，mm×mm×mm）	标示牌内容	其他技术性能	型式试验报告★/专项检测报告☆	制造厂家
NN－XL－500×400	禁止类	铝合金、搪瓷、不锈钢、塑料	500×400×10	禁止攀登、高压危险	无	无	南宁市鹏庆电力器材有限公司
NN－XL－400×320	禁止类		400×320×10	禁止合闸、线路有人工作	无	无	
NN－XL－300×240	警告类		300×240×8	有电、高压危险	无	无	
NN－XL－200×60	指令类		200×60×8	必须戴安全帽	无	无	

续表

型号规格	类型	材质	外形尺寸（长×宽×厚，mm×mm×mm）	标示牌内容	其他技术性能	型式试验报告★/专项检测报告☆	制造厂家
HD－JSBP－X	警告类	铝合金	1000×800×2/1500×1000×2	禁止攀登 高压危险，禁止合闸，禁止分闸	无	无	天津市华电电力器材股份有限公司
LF－BSP－JZ	禁止类	铝合金、不锈钢、塑料	200×160×2	禁止攀登、高压危险；禁止合闸、线路有人工作	铝合金牌采用3M反光膜	☆	淄博龙飞电力器材有限公司
LF－BSP－JG	警告类		200×160×2	有电、高压危险		☆	
XS－BSP	禁止类/警告类/提示类/指令类	铝合金、搪瓷、不锈钢、塑料、软磁、热转印	500×400×1.5	根据使用位置及环境制作	警告、指令、禁止、提示	★	西安鑫烁电力科技有限公司
XS－BSP			400×320×1.5				
XS－BSP			400×320×1.5				
XS－BSP			400×320×1.5				
B9	反光	铝塑	200×300×4	禁止攀爬，高压危险	可做磁性、挂钩、粘贴	★	上海凡扬电力科技发展有限公司
B10	反光	铝塑	200×300×4	从此上下	可做磁性、挂钩、粘贴	★	
B11	反光	铝塑	200×300×4	在此工作	可做磁性、挂钩、粘贴	★	
B12	反光	铝塑	200×300×4	检修设备	可做磁性、挂钩、粘贴	★	
B14	反光	铝塑	200×300×4	禁止合闸，有人工作	可做磁性、挂钩、粘贴	★	
B15	反光	铝塑	200×300×4	禁止合闸，线路有人工作	可做磁性、挂钩、粘贴	★	
B16	反光	铝塑	200×300×4	禁止操作，有人工作	可做磁性、挂钩、粘贴	★	

六、变电站安全标志牌

用 途

安装在变电站与安全有关的醒目位置上，起安全警示作用，避免或减少安全事故的发生。

适用电压等级

通用

执行标准

GB 2893	安全色
GB 2894	安全标志及其使用导则
GB/T 29481	电气安全标志
Q/GDW 434	国家电网公司安全设施标准

主要技术性能要求

（1）安全标志包括禁止标志、警告标志、指令标志、提示标志四种基本类型和消防安全标志、道路交通安全标志等特定类型。

（2）安全标志一般使用相应的通用图形标志和文字辅助标志的组合标志。

（3）安全标志一般采用标志牌的形式，宜使用衬边，以使安全标志与周围环境之间形成较为强烈的对比。

（4）安全标志所用的颜色、图形符号、几何形状、文字，标志牌的材质、表面质量、衬边及型号选用、设置高度、使用要求应符合 GB 2894 的规定。

（5）安装要求：标志牌的固定方式分附着式、悬挂式和柱式三种。悬挂式和附着式的固定应稳固不倾斜，柱式的标志牌和支架应牢固地连接在一起。

参考图片（见图 5－6）

图 5－6　变电站安全标志牌

主要技术指标

型号规格	类型	材质	外形尺寸（长×宽×厚，mm×mm×mm）	标示牌内容	其他技术性能	型式试验报告★/专项检测报告☆	制造厂家
NN－BDZ－400×320	提示类	铝合金、搪瓷、不锈钢	400×320×8	定制	无	无	南宁市鹏庆电力器材有限公司
HD－JSBP－JZ	禁止类	铝合金	200×160×2	禁止合闸线路有人工作	无	☆	天津市华电电力器材股份有限公司
HD－JSBP－JG	警告类	铝合金	300×240×2	止步高压危险	无		
HD－JSBP－TS	提示类	铝合金	500×400×2	在此工作	无		
XDL－BP－2	禁止类	搪瓷	300×240×1	禁止攀登，高压危险	无	☆	河北信得利电器设备有限公司
XDL－BP－3	禁止类	不锈钢	300×240×1	禁止攀登，高压危险	无	☆	
B－1	反光	铝塑	200×300×4	未经许可不得进入	可做磁性、挂钩、粘贴	★	上海凡扬电力科技发展有限公司
B－2	反光	铝塑	200×300×4	施工现场禁止通行	可做磁性、挂钩、粘贴	★	
B－3	反光	铝塑	200×300×4	禁止跨越	可做磁性、挂钩、粘贴	★	
B－4	反光	铝塑	200×300×4	禁止乘人	可做磁性、挂钩、粘贴	★	
B－5	反光	铝塑	200×300×4	禁止烟火	可做磁性、挂钩、粘贴	★	

续表

型号规格	类型	材质	外形尺寸（长×宽×厚，mm×mm×mm）	标示牌内容	其他技术性能	型式试验报告★/专项检测报告☆	制造厂家
B－6	反光	铝塑	200×300×4	禁止吸烟	可做磁性、挂钩、粘贴	★	上海凡扬电力科技发展有限公司
B－7	反光	铝塑	200×300×4	禁止戴手套	可做磁性、挂钩、粘贴	★	
B－8	反光	铝塑	200×300×4	禁止使用无线通信	可做磁性、挂钩、粘贴	★	

七、有限空间作业信息公示牌

用　途

用于有限空间（电缆隧道、管井、污水井、暖气沟等）作业现场地面出入口，揭示作业现场相关信息。

适用电压等级

通用

执行标准

GB 2894　安全标志及其使用导则

主要技术性能要求

（1）公示牌底板采用塑料或金属薄板制作，外形尺寸不小于390mm×540mm，公示牌上的文字或图片应使用反光或蓄光自发光材料，采用工业印刷工艺印制，要求字迹清晰，信息全面。

（2）公示牌底板应牢固地固定在依托物（支架）上，支架置放在地面时应稳固。

参考图片（见图 5－7）

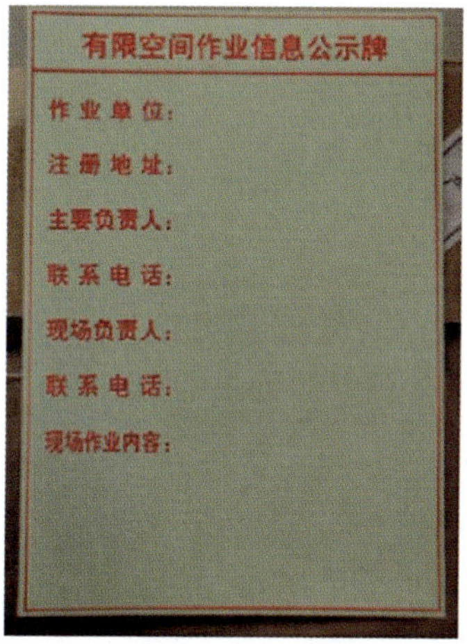

图 5－7 有限空间作业信息公示牌

主要技术指标

型号规格	类型	材质	外形尺寸（长×宽，mm×mm）	提示内容	其他技术性能	型式试验报告★/专项检测报告☆	制造厂家
GZP－YXKJ－HD	荧光	铝合金	545×390	作业单位、作业内容、危险点	无	无	天津市华电电力器材股份有限公司
PQ－F6	反光	铝合金、不锈钢	600×460	有限空间施工	3M 反光膜	☆	南宁市鹏庆电力器材有限公司
C－1	反光	铝塑	200×300×4	前方窄小注意安全	无	★	上海凡扬电力科技发展有限公司

八、有限空间作业安全告知牌

用　途

用于有限空间（电缆隧道、管井、污水井、暖气沟等）作业现场地面出入口，揭示作业现场安全注意事项。

适用电压等级

通用

执行标准

GB 2894　安全标志及其使用导则

主要技术性能要求

（1）公示牌底板采用塑料或金属薄板制作，外形尺寸不小于 390mm×540mm，公示牌上的文字或图片应使用反光或蓄光自发光材料，采用工业印刷工艺印制，要求字迹清晰，信息全面。

（2）公示牌底板应牢固地固定在依托物（支架）上，支架置放在地面时应稳固。

参考图片（见图 5－8）

图 5－8　有限空间作业安全告知牌

主要技术指标

型号规格	类型	材质	外形尺寸（长×宽，mm×mm）	提示内容	其他技术性能	型式试验报告★/专项检测报告☆	制造厂家
TSP－YXKJ－HD	提示类	铝合金	545×390	危险点、注意事项、安全措施	无	☆	天津市华电电力器材股份有限公司
C－2	反光	铝塑	200×300×4	前方窄小注意安全	无	★	上海凡扬电力科技发展有限公司

九、工作马甲

用　途

用于电力生产作业现场特殊身份（工作负责人、专责监护人）人员穿着，突出显示着装人员的存在，便于作业现场人员身份识别和管理。

适用电压等级

通用

执行标准

GB 2893　　安全色

GB 20653　　职业用高可视性警示服

主要技术性能要求

（1）基本要求：在保证提供安全防护的前提下，满足舒适度的要求，便于穿脱和作业时的肢体活动；反光带宽不小于 50mm，质量可靠，不易损坏。

（2）强度要求：机织材料的断裂强力不小于 400N，针织材料的最小胀破强度为 800kN/m^2，涂层布料和复合布料的撕破强力不小于 25N。

（3）材质要求：原材料不能对穿着者有副作用，应避免刺激和伤害穿着者的皮肤；基底材料和非荧光材料的色牢度不小于 4 级。

参考图片（见图 5－9）

图 5－9　工作马甲

主要技术指标

型号规格	类型	材质	颜色	其他技术性能	型式试验报告★/专项检测报告☆	制造厂家
HD－MJ	不防水	棉	红、黄	无	无	天津市华电电力器材股份有限公司
XS－MJ	反光	棉	红、黄	提示、警示	★	西安鑫烁电力科技有限公司
JF－327	不防水	全棉	红	反光警示	★	上海凡扬电力科技发展有限公司

十、红布幔

用　　途

用于变电站一、二次系统上工作时，将检修设备与运行设备前后以明显的标志隔开，起到提示和警示作用，保证作业安全。

适用电压等级

通用

执行标准

GB 2893　　安全色

Q/GDW 434　　国家电网公司安全设施标准

主要技术性能要求

（1）红布幔应采用红色优质纯棉布料制作，其上印刷“运行中”“运行设备”或“调试设备”等字样，字体颜色为白色或黄色（红底黄字）。

（2）红布幔尺寸一般为2400mm×800mm、1200mm×800mm、650mm×120mm，也可根据现场实际情况制作。

（3）布幔上下或左右两端设有绝缘隔离的磁铁或系绳用于在设备上固定。

参考图片（见图5－10）

图5－10　红布幔

主要技术指标

型号规格	类型	材质	外形尺寸（长×宽，mm×mm）	标示内容	其他技术性能	型式试验报告★/专项检测报告☆	制造厂家
PQ－F	磁吸式	棉	800×600	运行设备	专用磁性粘贴	☆	南宁市鹏庆电力器材有限公司
HD－HBM－H	磁吸式	棉	800×400	运行设备	无	无	天津市华电电力器材股份有限公司
HD－HBM－Z	磁吸式	棉	1900×800	运行设备	无	无	
XDL－HM	磁吸式	棉	2400×800	运行设备	高强磁	☆	河北信得利电器设备有限公司
YG－HBM－800×1600	磁吸式	棉	1600×800	运行设备	无	☆	保定阳光电力设备有限公司
LF－HBM	磁吸式	纯棉	800×280	运行设备	无	☆	淄博龙飞电力器材有限公司
XS－HBM	磁吸式	布	400×500、800×600、1200×1000	运行设备	提示、警示	★	西安鑫烁电力科技有限公司
XS－HBM	系绳式	布	400×500、800×600、1200×1000	运行设备	提示、警示		
XS－HBM	卷轴式	布	400×500、800×600、1200×1000	运行设备	提示、警示		

十一、拉线护管

用　途

安装在电力线路杆塔拉线、接地引下线、电缆的下部，用于警示路人或车辆，防止碰撞。

适用电压等级

通用

执行标准

Q/GDW 434　国家电网公司安全设施标准

主要技术性能要求

（1）拉线护管应采用耐候性良好的绝缘材料制作，其上设有黄黑相间的反光警示标识，黄黑相间间距宜为200mm。

（2）拉线护管长度不小于1.8m。

参考图片（见图5－11）

图5－11　拉线护管

主要技术指标

型号规格	类型	材质	外形尺寸（长度×直径，mm×mm）	颜色	其他技术性能	型式试验报告★/专项检测报告☆	制造厂家
HD-LXHG	地锚式	塑料	2500×110	黄黑相间	无	无	天津市华电电力器材股份有限公司
YG-UT-2	地锚式	PVC	2100×125	红白相间	无	☆	保定阳光电力设备有限公司
XS-LXHG	地锚式	PVC	2500×110	黄黑相间	隔离保护	★	西安鑫烁电力科技有限公司

十二、施工路锥

用　途

用于道路施工作业现场临时阻挡或分隔车流、引导交通，保护施工现场设施和人员。

适用电压等级

通用

执行标准

GB 2893　安全色
GB/T 18833　公路交通标志反光膜
JT/T 595　锥形交通路标

主要技术性能要求

（1）施工路锥宜采用优质塑料或橡胶材料制作。其形状、质量、颜色、稳定性、抗坠落性、抗撞击性及耐候性能应满足 JT/T 595 标准要求。

（2）施工路锥底部以上的内外部均为红色。其上设有红白相间的安全警示反光标识，反光部分最小宽度为 80mm。

参考图片（见图 5－12）

图 5－12　施工路锥

主要技术指标

型号规格	类型	材质	外形尺寸（高度×直径/底部边长，mm×mm）	颜色	其他技术性能	型式试验报告★/专项检测报告☆	制造厂家
HD－JSLZ	圆锥形	橡胶	700×380	红白	无	无	天津市华电电力器材股份有限公司
YG－LZ	方形	PVC	700×35	红白	无	无	保定阳光电力设备有限公司
XS－LZ	圆锥形	橡胶	700×380	红白	安全警示、耐撞击，耐压、油、灰尘	★	西安鑫烁电力科技有限公司

第六章　电力安全检测仪

一、工频验电信号发生器

用　途

工频验电信号发生器一般使用自带可充电蓄电池，将直流变换成工频电压，经升压器升压至同等级验电器启动电压，用以检验电容型高压验电器整体性能是否良好。

适用电压等级

通用

执行标准

DL/T 740　电容型验电器

主要技术性能要求

1. 机械性能

工频验电信号发生器应外观平滑无毛刺，无材料和制造缺陷，结构完整。

2. 电气性能

（1）发生器的输出电压应为交流工频（50Hz）信号，且输出电压有效值不得高于同等级验电器 0.4 倍的额定电压，不低于同等级验电器 0.1 倍的额定电压。

（2）自发生器发出验电信号起至验电器发出声光指示信号止，其间隔时间不应大于 1s。

（3）发生器的输出电压能量值应不受内装电池电量的衰减而变化。当发生器内装电池衰减到不足以保证输出信号的恒定时，发生器应立即阻断验电信号的输出，同时启动电池耗尽指示。

（4）发生器的输出电压不得对使用者的人身安全构成伤害。

参考图片（见图 6－1）

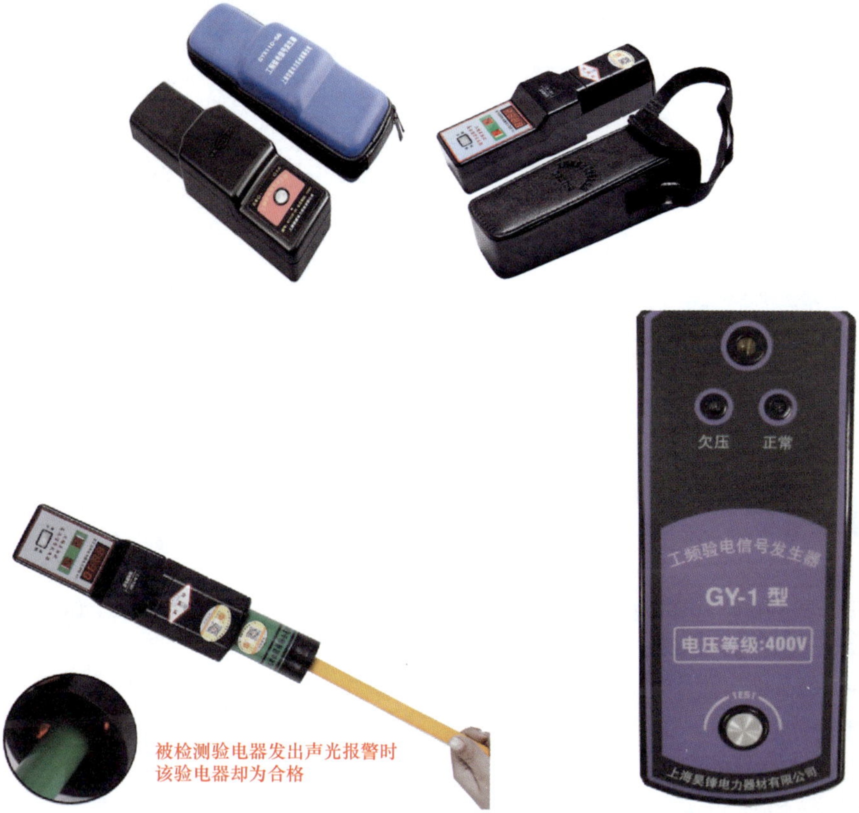

图 6－1　工频验电信号发生器

主要技术指标

型号规格	类型	输出最高电压（kV）	脉冲频率（Hz）	其他技术性能	型式试验报告★/专项检测报告☆	制造厂家
TC－110	便携式	28	50	无	☆	南宁市鹏庆电力器材有限公司
TC－35	便携式	8.05	50	无	☆	
TC－10	便携式	2.5	50	无	☆	
XDL－10	便携式	1.83	50	无	☆	河北信得利电器设备有限公司
SGSFG35－A	便携式	8.13	50	无	☆	保定阳光电力设备有限公司

二、SF_6气体检测仪

用　途

用于SF_6气体绝缘设备制造及现场维护作业时，检测气体绝缘设备可能出现的SF_6气体泄漏。

适用电压等级

通用

执行标准

DL/T 846.6　高电压测试设备通用技术条件　第6部分：SF_6气体检漏仪

主要技术性能要求

1. 机械性能

外观要求：外观良好，仪器完整，仪器名称、型号、制造厂名称、出厂时间、编号等应齐全、清晰。附件齐全，并附有制造厂家的使用说明书。仪器连接可靠，各旋钮应能正常调节。

2. 电气性能

（1）引用误差：仪器各点的引用误差应不超过±10%。

（2）灵敏度：仪器的灵敏度不应低于1μL/L。

（3）重复性误差：仪器相对于满量程（以下用FS表示）的误差应不超过±5%。

（4）响应时间：仪器的响应时间应不大于10s。

（5）报警功能误差：对具有设定报警功能的仪器，报警误差应不超过设定值的±25%。

（6）稳定性：仪器零点漂移在 1h 内应不超过±10%FS，其示值最大漂移应不超过±10%FS。

（7）绝缘电阻：电源输入端对机壳的绝缘电阻应不大于 2MΩ。

（8）绝缘强度：仪器电源输入端对机壳应能承受 1500V/1min 工频耐压，无击穿和飞弧现象。

参考图片（见图 6－2）

图 6－2　SF_6 气体检测仪

主要技术指标

型号规格	类型	SF_6 检测灵敏度［例子：0.01ppm（$1\times10^{-9}cm^3/s$ 或 0.02g/a）］	响应时间（s）	使用环境温度（℃）	其他技术性能	型式试验报告★/专项检测报告☆	制造厂家
AR5750B		5ppm	1	0～52	无	无	上海凡扬电力科技发展有限公司

三、单一气体检测仪

用　途

用于作业现场人员随身携带，检测被监测区域内空气中指定单一气体浓度。

适用电压等级

通用

执行标准

GB 15322.3　便携式可燃气体探测器　第 3 部分：测量范围为 0～100% LEL 的便携式可燃气体探测器

主要技术性能要求

1. 机械性能

（1）检测仪应能满足 GB 15322.3 规定的各项要求。

（2）检测仪外观完好、结构完整、仪器名称、型号、编号、制造厂名称、出厂时间、防爆标志、计量许可标志、计量许可标志及编号等内容应齐全、清楚。

（3）检测仪在被监测区域内指定气体浓度达到报警设定值时，应能发出声、光报警信号，其报警响应时间不应超过 30s。再将检测仪置于清洁空气中，30s 内应能自动（或手动）恢复到正常监视状态。

（4）检测仪的报警动作值与报警设定值之差不应超过±3%LEL。

2. 电气性能

（1）连续工作的检测仪的电池持续工作时间应不少于 8h，单次工作的检测仪的电池持续工作时间应能保证其完整工作 200 次。检测仪应设置电池低电量显示功能。

（2）检测仪应能耐受 GB 15322.3 所规定的电磁辐射干扰试验。

（3）检测仪应能耐受 GB 15322.3 所规定的静电放电干扰试验。

参考图片（见图 6－3）

图 6－3　单一气体检测仪

主要技术指标

型号规格	类型	检测气体	检测精度	传感器使用寿命（℃）	其他技术性能	型式试验报告★/专项检测报告☆	制造厂家
LK300A	便携式	1ppm	1s	0～45	重复误差＜5%	★	深圳市林科电气发展有限公司
SG	单一	氧气、可燃气体、一氧化碳、二氧化碳、氯气、硫化氢、氰化氢、二氧化氮、二氧化硫	5ppm	－10～＋50	防水	无	上海凡扬电力科技发展有限公司

四、综合气体检测仪

用　途

用于气体泄漏浓度检测的仪器仪表工具

适用电压等级

通用

执行标准

GB 12358　作业场所环境气体检测报警仪通用技术要求

主要技术性能要求

1. 机械性能

（1）检测仪应能满足 GB 12358 规定的各项要求。

（2）检测仪外观完好、结构完整、仪器名称、型号、编号、制造厂名称、出厂时间、防爆标志、计量许可标志、计量许可标志及编号等内容应齐全、清楚。

（3）检测仪应具有防爆性能，符合 GB 3836.1、GB 3836.2 和 GB 3836.4 标准要求，并取得防爆检验合格证。

（4）检测仪应具有有效的报警装置；检测仪应易于校正，处于工作状态时，应易于识别。

（5）响应时间：可燃气体检测仪在 30s 以内；有毒气体氨气、氢氰酸、氯化氢、环氧乙烷、臭氧气体在 160s 以内；氧检测报警仪检测响应时间在 20s 以内，报警响应时间在 5s 以内。

（6）检测仪的报警动作值与报警设定值之差应不大于：可燃气体：±15%；有毒气体：±15%；氧气：±1%。

（7）高低温试验：应能耐受 GB 12358 所规定的气候环境条件下的各项试验。

（8）恒定湿热试验：应能耐受 GB 12358 所规定的气候环境条件下的各项试验。

（9）振动跌落试验：应能耐受 GB 12358 所规定的各项试验。

2. 电气性能

（1）绝缘耐压标准要求：常温下：≥100MΩ；湿热后：≥1MΩ。绝缘强度应能承受 500V AC 电压 1min，试验期间不应发生放电和击穿现象，试验后检测仪功能正常。

（2）辐射电磁场试验：应能耐受 GB 12358 所规定的电磁辐射干扰试验。

（3）静电放电试验：应能耐受 GB 12358 所规定的静电放电干扰试验。

（4）电瞬变脉冲试验：应能耐受 GB 12358 所规定的电瞬变脉冲干扰试验。

（5）使用电池供电的报警仪，当电池电量低时，应能发出与报警信号有明显区别的声光指示信号。连续工作的检测仪的电池持续工作时间应不少于 8h，单次工作的检测仪的电池持续工作时间应能保证其完整工作 200 次。检测仪应设置电池低电量显示功能。

参考图片（见图 6－4）

图 6－4　综合气体检测仪

主要技术指标

型号规格	类型	检测气体	检测精度（%）	传感器使用寿命（年）	其他技术性能	型式试验报告★/专项检测报告☆	制造厂家
MC－4	接触式	氧气、一氧化碳、硫化氢、可燃气体	CO、H_2S、O_2：0.1；LEL：1	CO/H_2S，SO_2，LEL≥3；O_2≥2	无	无	天津市华电电力器材股份有限公司
GA1157	4合1	氧气、可燃气体、一氧化碳、二氧化碳、氯气、硫化氢、氰化氢、二氧化氮、二氧化硫	5ppm	－10～＋50℃	无	无	上海凡扬电力科技发展有限公司

第七章　其　　他

一、移动式绝缘外壳电源箱

用　途

用于电力生产安装、检修、测试、试验现场临时配置，为现场提供低压临时电源，防止低压触电事故。

适用电压等级

通用

执行标准

GB/T 14048.1　低压开关设备和控制设备　总则

JGJ 46　施工现场临时用电安全技术规程

GB 13955　漏电保护器安装和运行的要求

主要技术性能要求

1. 机械性能

（1）电源箱应满足 JGJ 46 中规定的各项要求。

（2）电源箱外壳应采用阻燃绝缘材料制作。

（3）电源箱上的铭牌应明确标明设备额定值，包括：额定电压（V）、额定频率（Hz）、额定电流（A）额定输入/输出功率（W）及相别（1、2、3）等，并设有“有电危险”警示标志。

2. 电气性能

（1）电源箱内应装设电源隔离开关及短路、过载、漏电保护电器，电源隔离开关分断时应有明显可见的分断点。

（2）电源箱的电器（含插座）应按其规定位置紧固在电气安装板上，安装板上应分设 N 线端子板和 PE 线端子板，进出线中的 N 线应通过 N 线端子板连接；PE 线应通过 PE 线端子板连接。

（3）电源箱的电器间连接线应采用铜芯绝缘导线。进出线应采用橡皮护套绝缘电缆，不得有接头。

（4）电源进线端严禁采用插头和插座做活动连接。

参考图片（见图 7－1）

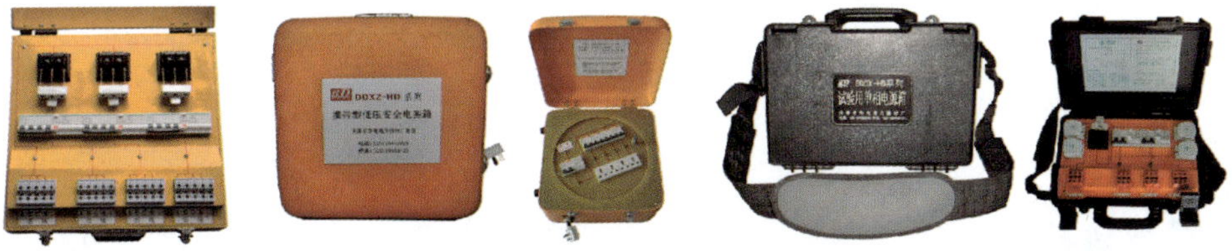

图 7－1　移动式绝缘外壳电源箱

主要技术指标

型号规格	类型	相别（单相、三相）/功率（kW）	电源线长度/截面（m/mm²）	电压（V）	其他技术性能	型式试验报告★/专项检测报告☆	制造厂家
DDXZ－HD	绝缘外壳	三相/5	30/10	380	一机一闸一保护	无	天津市华电电力器材股份有限公司
SDXZ－HD	绝缘外壳	三相/5	—	220	不配电源线	无	
SSKX－HD	绝缘外壳	三相/5	—	380	不配电源线	无	
	绝缘外壳	例：3 相/5kW	30m/10mm²	380	无	无	上海凡扬电力科技发展有限公司

二、带电显示装置

用　途

一般安装在 GIS 组合电器、开关柜的进线、出线等处所，用于向运行人员提供高压电气设备被监测处主回路电压状态的信息。

适用电压等级

3kV 及以上

执行标准

DL/T 538　高压带电显示装置

主要技术性能要求

1. 机械性能

（1）带电显示装置应满足 DL/T 538 中规定的各项要求。

（2）带电显示装置的结构包括传感单元、显示单元等基本部件，还可根据需要加装连接点、连锁信号输出单元等模块。等电位带电显示装置无须添加任何辅助设备。

（3）带电显示装置的部件如果作为高压电气设备外壳的一部分，应满足该设备所规定的防护等级；配装在高压电气设备外的带电显示装置外壳的防护等级，应满足 GB/T 11022 的相关要求。

（4）带电显示装置的可接近部件，应能承受机械撞击，规定的机械撞击能量为 1J。

（5）带电显示装置的显示元件应能提供电压状态清晰可见的显示。在给定的运行位置和实际光照条件下，其显示应使使用者清晰可见。

（6）带电显示装置的显示单元应在电压状态改变后 1s 内显示。

（7）显示单元中的显示元件的连续工作寿命应不少于 50000h，显示单元应能耐受 10000 次连续接通和断开试验而不发生损坏。

（8）显示单元应具备可靠的保护措施，在此条件下，显示单元不会出现危险的电压。

（9）连锁信号输出单元应在传感单元发出“有电”或“无电”信号的同时，对高压电气设备的联锁装置发出“闭锁”或“解锁”指令，当三相设备共用一套联锁装置时，任意一相“有电”时，连锁信号输出单元应保持“闭锁”指令。连锁信号输出单元的电气回路发生故障时不得影响显示单元的正确指示，连锁信号单元仍应保持“闭锁”状态。连锁信号输出单元应能连续发出“闭锁”或“解锁”指令 10000 次不发生故障。

2. 电气性能

（1）带电显示装置的阈值：对于三相系统，当线对地的实际电压在标称电压的 40%至额定电压之间时，应有显示；当线对地的实际电压小于标称电压的 15%时，应无显示。

（2）带电显示装置配装的传感单元输出端与主回路之间，应提供足够的绝缘（等电位式除外）。

（3）限压装置应对运行人员提供保护以防止在连接点上出现运行电压，当传感单元发生任何绝缘破坏时，应转变为永久性接地故障。为此应将传感单元的输出端通过限压装置接地。

（4）在额定频率和主回路对地电压为额定电压时，如连接点对地短路，由连接点给出的电流值不应超过 0.5mA。

（5）带电显示装置的传感单元、显示单元、连锁信号输出单元及其所包含的相关附件均应按照 GB/T 11022 的规定进行绝缘试验。

参考图片（见图 7－2）

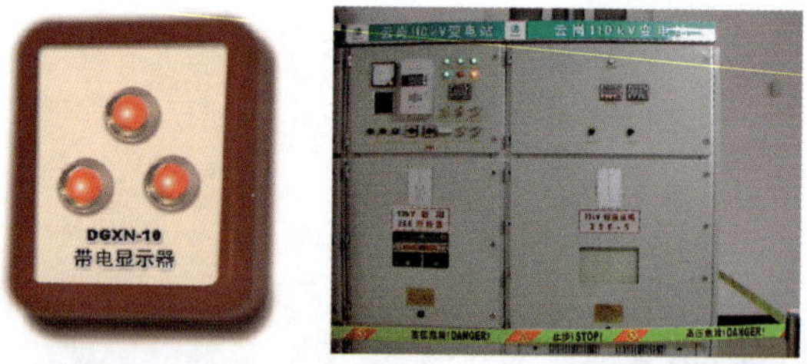

(a)

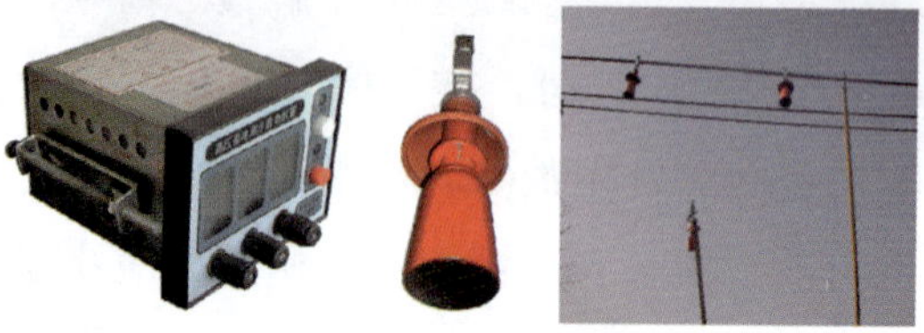

(b)

图 7－2　带电显示装置

（a）户内型；（b）户外型

主要技术指标

型号规格	类型	相别	闭锁（有/无）	适用电压等级（kV）	其他技术性能	型式试验报告★/专项检测报告☆	制造厂家
DGXN 10－HD	等电位型	单相	无	10	无	☆	天津市华电电力器材股份有限公司
DGXW 35－HD	等电位型	单相	无	35	无		
DGXW 110－HD	等电位型	单相	无	110	无		
DGXW 220－HD	等电位型	单相	无	220	无		
GGNT－HD－10	传感器型	三相	无	10	无	☆	
GGNT－HD－35	传感器型	三相	无	35	无	☆	
GGNQ－05A－HD－10	传感器型	三相	有	10	无	☆	
GGNQ－05A－HD－35	传感器型	三相	有	35	无	☆	

续表

型号规格	类型	相别	闭锁（有/无）	适用电压等级（kV）	其他技术性能	型式试验报告★/专项检测报告☆	制造厂家
GGST-HD-110	传感器型	三相	有	110	无	☆	天津市华电电力器材股份有限公司
GGST-HD-220	传感器型	三相	有	220	无	☆	
GGST-HD-500	传感器型	三相	有	500	无	☆	
WM-01	传感器型	三相	无	10、35、110、220、330、500	WM-FB1挂钩/WM-CB1支架/WM-PB1绑带	☆	美国HDE

三、触电急救模拟人

用　　途

触电急救训练用的人体模型，用于培训受训者面对触电者如何进行心肺复苏急救操作，提高受训者心肺复苏急救操作能力。

适用电压等级

通用

执行标准

（AHA）　国际心肺复苏（CPR）&心血管急救（ECC）指南标准

主要技术性能要求

（1）触电急救模拟人应解剖标志准确、手感真实、肤色统一、形态逼真、外形美观、经久耐用、消毒清洗不变形、拆装更换方便。

（2）具备模拟标准气道开放显示、语言提示。

（3）人工手位胸外按压：数码计数显示、语言提示。按压位置正确：正确的计数显示；按压位置错误：错误的计数显示、错误的语言提示。

（4）人工口对口呼吸（吹气）时：数码计数显示、语言提示。吹入的气量在 500～600mL 之间的，正确的数码计数显示；吹入的气量过快或过大，数码计数显示；错误语言提示。

（5）按压与人工呼吸比：30:2（单人或双人）。

（6）操作周期：2 次有效人工吹气，再按压与人工吹气 30:2，5 个循环周期 CPR 操作。

（7）操作频率：100 次/min。

（8）操作方式：训练操作、考核操作两种模式。

（9）操作时间：以秒为单位计时。

（10）语言设定：可进行语言提示设定及提示音量调节设定，或关闭语言提示设定。

（11）成绩打印：操作结果可热敏打印成绩单。

（12）电源：采用 220V 外接电源或电池驱动。

（13）检查瞳孔反应：考核操作前和考核程序操作完成后模拟瞳孔由散大、缩小的自动动态变化过程的真实体现。

（14）检查颈动脉反应：用手触摸检查，模拟按压操作过程中的颈动脉自动搏动反应；以及考核程序操作完成后颈动脉自动搏动反应的真实体现。

参考图片（见图 7－3）

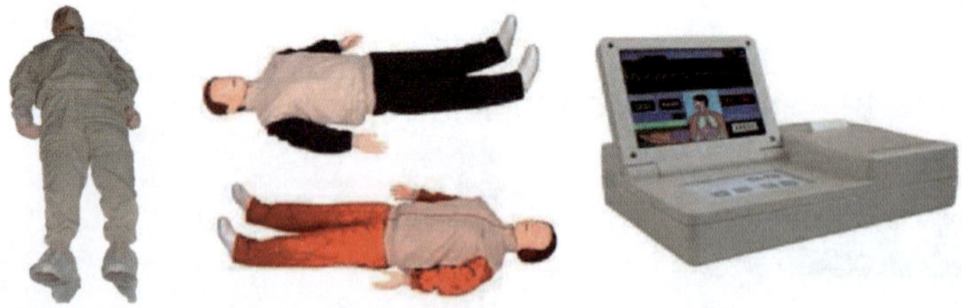

图 7－3　触电急救模拟人

主要技术指标

型号规格	类型	电源（自带电池/外接电源）	成绩打印（有/无）	携带质量（kg）	其他技术性能	型式试验报告★/专项检测报告☆	制造厂家
HD-MNR-XFFS	全身	外接电源	有	20	无	无	天津市华电电力器材股份有限公司

四、防误操作语音提示器

用　途

用于电气设备倒闸操作，通过预先置入的电子语音提示待操作的设备编号，防止设备误停、误送。

适用电压等级

通用

执行标准

GB 18209.1　机械电气安全指示、标志和操作　第1部分：关于视觉、听觉和触觉信号的要求

主要技术性能要求

1. 机械性能

（1）防误操作语音提示器由外壳、电子语音录放模块、扬声器、触发开关

及电池等组成。

（2）外壳应采用优质工程塑料模具制作。外壳应光滑平整，组装后应结构坚固，颜色均匀。

（3）语音录、放程序简单易操作，语音播放应清晰响亮，提示内容正确无误。

2. 电气性能

（1）语音录音时间一般不低于 10s。

（2）整机静态功耗（监视状态）应小于 10μA。

参考图片（见图 7–4）

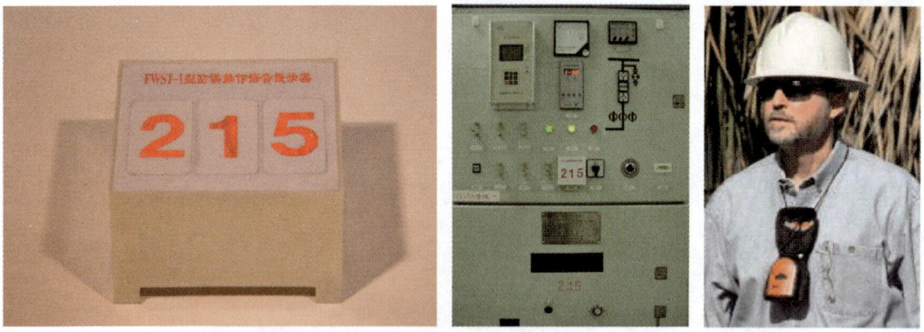

图 7–4　防误操作语音提示器

主要技术指标

型号规格	类型	外形尺寸（长×宽×高，mm×mm×mm）	音量（db）	提示内容	其他技术性能	型式试验报告★ /专项检测报告☆	制造厂家
VW–20 VW–250	声光	190×73×32	100	闪烁、蜂鸣	佩戴在工作人员身上，通过声光报警提示人员带电体的方位和距离；带电体电压越高报警距离越远，距离带电体距离越近，声光报警频率由低变高至连续报警	★	美国 HDE
HD–FWT	语音	定制	≥65	提示操作人员要操作的开关、刀闸	无	无	天津市华电电力器材股份有限公司

五、绝缘外壳风机

用 途

用于有限空间（电缆隧道、管井、污水井、暖气沟等）作业现场地面出入口，对需要进入的有限空间进行送风、排风，防止进入有限空间内部作业人员受到有害气体的伤害。

适用电压等级

通用

执行标准

GB/T 13274 一般用途轴流通风机技术条件

SDJ 8 电力设备接地设计技术规程

主要技术性能要求

1. 机械性能

（1）通风机应按规定程序批准的图样和文件制造并满足 GB/T 13274 中的各项要求。

（2）通风机外壳应使用绝缘材料（如环氧树脂或工程塑料等），材料应符合有关标准的规定并有材料合格证。

（3）通风机叶轮等转动部分应设有防护装置。

（4）对每个系列的通风机均应进行空气动力学试验，并绘制典型空气动力性能曲线。

（5）对各系列各机号的通风机均应进行噪声测量，并绘制出 A 声级噪声特性曲线，其比声级噪声应符合“通风机噪声”的规定。

（6）通风机应进行机械运转试验，测量轴承温升和震动符合 GB/T 13274 的规定。

2. 电气性能

通风机的金属部分及电动机的机壳应接地，接地装置的电阻不得超过 SDJ 8 的规定。

参考图片（见图 7－5）

图 7－5　绝缘外壳风机

主要技术指标

型号规格	类型	电源线长度（m）	相别（单相/三相）/功率（kW）	风量（m^3/min）	其他技术性能	型式试验报告★/专项检测报告☆	制造厂家
HD－SLF	送风机	4	单相/0.9	6600，7800，9600	无	无	天津市华电电力器材股份有限公司
HD－SZF	排风机	4	单相/0.55	5870	无	无	

六、井口爬梯

用　　途

用于有限空间（电缆隧道、管井、污水井、暖气沟等）作业现场地面出入口，便于工作人员安全顺利出入井口，防止坠落伤害。

适用电压等级

通用

执行标准

GB 4053　固定式钢梯及平台安全要求

GB 50205　钢结构工程施工质量验收规范

主要技术性能要求

（1）井口爬梯应按规定程序批准的图样和文件制造并满足 GB 4053 中的各项要求。

（2）井口爬梯应采用折叠式结构设计，便于存放和携带。

（3）井口爬梯采用钢材的力学性能不低于 Q235-B，并具有碳含量合格保证。

（4）井口爬梯应采用焊接连接，焊接要求应符合 GB 50205 的规定。制造的井口爬梯应表面光滑、无锐边、尖角、毛刺或其他可能造成人员伤害或妨碍其通过的缺陷。

（5）井口爬梯应进行防锈及防腐涂装。

参考图片（见图 7-6）

图 7-6　井口爬梯

主要技术指标

型号规格	类型	材质	外形尺寸（长×宽×高，mm×mm×mm）	额定载荷（kg）	其他技术性能	型式试验报告★/专项检测报告☆	制造厂家
HD-JAPT	折叠式	铁	展开：1500×900×800 折叠：1500×900×40	150	无	无	天津市华电电力器材股份有限公司

七、井口三脚架

用　途

用于有限空间（电缆隧道、管井、污水井、暖气沟等）作业现场地面出入口，便于工作人员从有限空间出入井口提升、放落施工工具、材料，应急情况下可作为应急救援工具将受伤者从井下安全提升至地面。

适用电压等级

通用

执行标准

DL/T 5162　水电水利工程施工安全防护设施技术规范
GB/T 29178　消防应急救援装备配备指南

主要技术性能要求

（1）井口三脚架由主体、吊索、绞盘、环型保护链组成。

（2）额定载荷≥160kg。

（3）三脚架主体应采用高强度轻质合金制造，安全系数≥7，三根支脚应具备伸缩功能。

（4）吊索应选用特制的不锈钢钢丝绳，钢丝绳长度≥30m。

（5）绞盘上设有上升、下降自锁装置。

（6）安装方便，高度可调。

参考图片（见图 7－7）

图 7－7 井口三脚架

主要技术指标

型号规格	产地	类型	材质	外形尺寸（长×宽，mm×mm）	额定载荷（kg）	其他技术性能	型式试验报告★/专项检测报告☆	制造厂家
HD－8	波兰	折叠式	铝	展开：2140×2140 折叠：1730×390	200	无	无	天津市华电电力器材股份有限公司

八、安全工器具柜

用 途

用于存放电力安全工器具，满足安全工器具存放环境，使其保持干燥。

适用电压等级

通用

执行标准

DL/T 1145　绝缘工具柜

JB/T 8678　电气设备机械结构框架通用技术条件

主要技术性能要求

1. 机械性能

（1）安全工器具柜应满足 DL/T 1145 中的相关要求。

（2）工具柜结构设计应满足 JB/T 8678 的要求。外壳防护等级应不低于 IP54。

（3）工具柜中的设施和器件安装应便于使用、操作和维护。

（4）工具柜整体承载能力应不低于 200kg，一般隔板的额定载荷应不低于 10kg，承重隔板的额定载荷应不低于 50kg。

（5）工具柜安装有玻璃面时，应采用钢化玻璃。

（6）工具柜外壳及内部所有的金属件应进行有效的防腐处理。

（7）柜体的金属构件上应设接地点并标注接地符号。

2. 电气性能

（1）对于Ⅱ、Ⅲ型工具柜应装设温湿度控制设备，具备温湿度控制功能并配置漏电保护装置。应能实时显示柜内、柜外温湿度数据。

（2）工具柜内的设备、装置、元器件的技术性能和指标均应满足相关设备和元件标准要求。

（3）可根据需要配置通信功能，柜内温湿度信息通过通信接口传递到管理信息系统，实施数据的远程监控。

参考图片（见图 7－8）

图 7－8 安全工器具柜

主要技术指标

型号规格	类型	外形尺寸（长×宽×深，mm×mm×mm）	是否带烘干	是否带抽湿	其他技术性能	型式试验报告★/专项检测报告☆	制造厂家
YG－GQJG－Ⅱ	智能型	2000×800×450	是	是	无	☆	保定阳光电力设备有限公司
HA－GJG－Ⅰ	普通型	2000×1200×460	否	否	无	☆	陕西华安电力科技有限公司
HA－GJG－Ⅱ	普通型	2000×1300×600	否	否	无	☆	
HA－GJG－Ⅲ	普通型	2000×1100×460	否	否	无	☆	
HA－GJGL－Ⅰ	普通型	2000×1200×600	否	否	无	☆	
HA－GJGL－Ⅱ	普通型	2000×1300×460	否	否	无	☆	
HD－GJG－P	普通型	2000×800×500	否	否	无	无	天津市华电电力器材股份有限公司
HD－GJG－Z	智能型	2000×800×500	是	是	工具在位显示、到期检验提示、工具领用提示	☆	
FJTC－MB	智能型	1600×1100×600	是	是	RFID 最高可达 5 次/s 的采集频率	☆	武汉奋进电力技术有限公司
XDL－Ⅱ	智能型	2000×1100×600	是	是	冷轧钢板，卷压焊接成形，钢板厚度为≥1.2mm，保证承重强度和站立稳定性	☆	河北信得利电器设备有限公司

续表

型号规格	类型	外形尺寸（长×宽×深，mm×mm×mm）	是否带烘干	是否带抽湿	其他技术性能	型式试验报告★/专项检测报告☆	制造厂家
PQ－2	智能型	2000×800×450	是	是	自动升温、降温、报警、除湿、防盗	☆	南宁市鹏庆电力器材有限公司
PQ－3	智能型	2200×1100×600	是	是			
XS－GJG－Ⅱ	智能型	2200×1100×600	是	是	恒温、报警、除湿、防盗	★	西安鑫烁电力科技有限公司
XS－GJG－Ⅱ	智能型	2000×800×450	是	是	恒温、报警、除湿、防盗		
XS－GJG－Ⅰ	普通型	2200×1100×600	否	否	放置、防潮、防尘		
XS－GJG－Ⅰ	普通型	2200×1100×600	否	否	放置、防潮、防尘		

九、工具袋

用　途

用于存放维修工具、仪器仪表等，便于随身携带、取用。

适用电压等级

通用

执行标准

QB/T 1333　背提包

主要技术性能要求

（1）工具袋应采用优质皮革、人造革、合成革、织物等面料，按照规定的程序和图样制作。

（2）工具袋使用的五金配件应符合相关标准的规定

（3）工具袋隔层、插套设计应合理，外观应形体饱满，弧线自然，粘贴平服角对称，整洁干净。

参考图片（见图 7－9）

图 7－9 工具袋

主要技术指标

型号规格	类型	材质	尺寸	质量（kg）	其他技术性能	型式试验报告★/专项检测报告☆	制造厂家
HD－GJD	斜挎式	帆布	定制	≤2	无	无	天津市华电电力器材股份有限公司